1小時完成！

萌系羊毛氈小動物

學會21隻

はっとりみどり◎著

【暢銷新裝版】

contents

關於這本書

輕輕戳刺羊毛，試著來作毛茸茸的可愛吉祥小動物吧！

若你也有「沒辦法作成自己喜愛的模樣……」、「作起來的成品不夠可愛……」……

這樣的心情或有過諸如此類的挫敗感，

建議你一定要翻閱本書。

因為書中集合了各種既簡單又可愛的吉祥小動物，

都只需要大約1個小時就可以輕鬆完成。

只要試著放手作作看各種動物，就能盡情享受羊毛氈的樂趣囉！

作者介紹

はっとりみどり

POCHEVERT代表。造型作家，武藏野美術大學造型學部雕刻學科畢業。原為株式會社Sanrio的設計師，之後獨立發展，以創作兒童書、教育書籍為主要活動。善用羊毛氈柔軟＆溫暖的感覺製作各種立體造型玩偶、卡通造型玩偶等。也參與身心殘障兒童造型教育及藝術心理學療法。

著作有《第一次的羊毛氈》、《超可愛羊毛氈不織布小貓》、《超可愛羊毛氈不織布小狗》（主婦の友社）等等。

ポッシュベールHP　　http://www.pochevert.co.jp/

はっとりみどり簡單 & 輕鬆製作羊毛氈 の 關鍵秘訣!

Point 1

全部從球形開始作起。

本書中每一隻可愛小動物都是從球形開始作起的。從P.30至P.33的基本球形開始學習,就可以運用到所有作品上喔!

Point 2

就算形狀有些不太一樣,也可以製作出可愛感的款式設計!

不論哪一款的設計都是起自簡單又可愛的原型造型,就算是一開始形狀有些不太一樣,或眼睛‧嘴巴的位置有一點改變,還是可以作出可愛的作品。因為這才是屬於你親手製作的獨特風格唷!

Point 3

所有部位接合都能簡單完成!

耳朵的接合方式(P.35)等等,每個部位的接合都非常簡單。只要以剪刀剪開並插入的方法製作,就能作出可愛又漂亮的作品來唷!

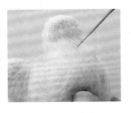

Point 4

好好善用填充羊毛!

好好善用填充羊毛來製作,絕對是羊毛氈作品成功最主要的關鍵!使用填充羊毛製作作品的基底不但很容易塑型,整體處理起來也非常順手,絕對可以更加事半功倍、得心應手!

Point 5

全作品皆有非常淺顯易懂的圖解說明。

本書所有作品的作法都附有圖片解說,初學者也不用擔心。

Point 6

材料皆可簡單備齊。

所有作品皆使用Hamanaka WOOL CANDY的組合包。WOOL CANDY是配置有少量且多色羊毛條的組合包,非常物超所值。如此一來,就不需購買大量的單色羊毛,以合理的價錢就可以製作可愛小物囉!

01
小
雞

啊
……

明明是超級簡單的製作方法，但完成後卻如此的可愛……
其實這才是製作可愛小雞の究極密技！

作法 ＊ P.38

4

小綿羊

我們要超過
這個塔的高度才行—

毛茸茸的可愛動物可以撫慰心靈。
更何況是大量收集如此可愛又俏皮的玩偶呢！

作法＊P.38

03

小倉鼠

……會不會
塞得太滿了？

……說的也是。

感情非常好的五隻小倉鼠，
老是聚在一起絕對不分開。
圓滾滾的背影也超級俏皮＆可愛！

作法＊P.40

04 小·貓咪

擁有各式鮮豔的顏色與可愛模樣的圓滾滾小貓咪。
參照自家的貓來製作也很不錯喔！

作法✳P.42

在尾巴中放入鐵線，
就可以像這樣垂掛起來喔！

o5 鸚鵡

虎皮鸚鵡、玄鳳鸚鵡……
一群色彩美麗的可愛鸚鵡們，
今天要來場徹夜通宵的姐妹密談！

作法＊P.44

懷錶／カントリースパイス

o6 貓頭鷹

貓頭鷹
一直以來都給人聰明敏捷的印象,
其實讓人感到很大的壓力與困擾呀!

作法 ＊ P.46

07 小·海豹

潔白&有著明亮可愛大眼睛的小海豹。
有大、中、小，三隻不同的尺寸唷！

作法＊P.70

我們加起來到底有多重呢？

08 俄羅斯娃娃

俄羅斯娃娃三姊妹。
頭巾＆服裝可以依個人喜好變化組合，非常有趣喔！

作法＊P.50

09

動物裝小玩偶

小老鼠・小貓・小兔子的小玩偶們。
圓圓的小臉蛋可愛又迷人！

作法＊P.52

海軍男孩

「Hey！我們是可愛的水手。
要不要一起來搭船兜風呢？」
……所謂的船，是指這個盤子嗎？

作法＊P.54

馬克杯／カントリースパイス

非常可愛又俏皮的不倒翁玩偶。
因為作法非常簡單，可以試著製作各種款式來玩玩看。
除了可以改變鮮豔的顏色，也可以更換表情，更顯得可愛呢！

作法　P.49

11

不
倒
翁

木製盤子・木製湯匙／カントリースパイス

彩色鮮豔的不倒翁玩偶。

調皮地到處滾來滾去。

12
守衛小狗

哈囉，我們是英勇的犬張子，
也有護身符的作用喔！
雖然常常被誤認為小貓，
但我可是獨一無二的守衛小狗呦！

作法✳P.56

13 十二生肖

今年的主角是誰呢？

放我出去―

塞滿玻璃罐的小企鵝。
一打開蓋子，就會一個接一個跑出來喔！

作法 P.68

14

小企鵝

一個接一個。

15 女兒節娃娃

天皇娃娃＆皇后娃娃人偶，
在桃花盛開的季節時試著作作看吧！

作法＊P.74

16 小·蜜蜂

非常喜歡工作的小小蜜蜂，
今天也要勤勞的去採集蜂蜜喔！

作法　P.76

17 晴天娃娃

明天一定要是好天氣！

作法＊P.77

古董罐／カントリースパイス

18 小雪人

白白的圓滾滾小雪人，
脖子圍著淺藍色圍巾真的很可愛呢！

作法＊P.48

19 方塊
小·貓 & 小·熊

形似骰子的方塊小貓 & 小熊。
小方塊也可以由圓形球體開始作起，
試著將各種動物作成小方塊相當有趣喔！

作法＊P.72

20 小兔子

表情溫柔的小白兔＆道奇兔。
開始順手後，不妨試著挑戰稍高難度的作法，
製作看看較具真實感的作品。

作法＊P.78

大麥町

貴賓狗

柴犬

21 小狗

乍看之下好像很難作の六隻可愛小狗大集合，
但其實都是從一顆球體開始製作出來的喔！
試著作作看自己喜歡的狗狗種類吧！

作法　大麥町＊P.87　　瑪爾濟斯＊P.82
　　　貴賓狗＊P.85　　西施犬＊P.86
　　　柴犬＊P.80　　　哈巴狗＊P.83

哈巴狗

瑪爾濟斯　　　　　西施犬

準備工具

★…提供／Hamanaka株式会社

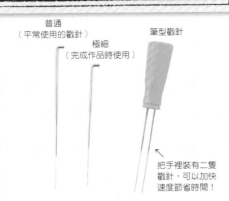

普通
（平常使用的戳針）
極細
（完成作品時使用）
筆型戳針

把手裡裝有二隻戳針，可以加快速度節省時間！

★ 羊毛氈專用戳針
戳針前端有特殊的加工，只需要將戳針刺入羊毛就可以使纖維糾結氈化。

★ 針氈用工作墊
製作時鋪在作品下方所使用的墊子。

★ 剪刀
工藝用剪刀。在裁剪羊毛或縫線時使用，也可以用來修剪起毛＆處理作品細節。

錐子
將道具眼睛插入羊毛氈前，開洞使用。

★ 工藝用白膠
乾燥後會呈現透明狀，是一種速乾性白膠。組裝眼睛等零件時使用。

★ 指護套
保護指頭不被戳針刺到的工具。

★ 鼻子道具零件
鼻子形狀的道具。與眼睛零件一樣黏上即可。

★ 插入式眼睛
眼睛形狀的道具，有各種不同的尺寸＆種類。

25號繡線
縫製嘴巴裝飾線時使用

本書作品使用の材料

● 填充羊毛

製作基底時
皆使用這個！

打開後的尺寸
約25cm×115cm

當成作品的基底使用。只要輕輕戳刺就可以簡單成形，便於塑造各種形狀，也可以縮短製作的時間。裡面的羊毛呈片狀。

● Color Scoured

捲捲的羊毛是主要的特徵，可以製作出毛茸茸的可愛作品。WOOL CANDY少量四色組合包（左邊）‧單色組合包（右邊）。

[Color Scoured
（單色組合包‧30g

[WOOL CANDY‧
Color Scoured]
毛茸茸羊毛素材組合包
（5g×4色）

● 羊毛

WOOL CANDY

少量羊毛組合包是非常物超所值的組合

[WOOL CANDY・Sucre]
（單色組合包 約10g×2捲）

一卷約有10g左右，是使用方便的輕量組合，而且顏色也相當豐富唷！本書裡所有的作品都是使用這款WOOL CANDY的組合包製作而成。有8色組合&12色組合，也可以隨喜好購買Sucre單一色款……真的非常便利&便宜呢！

| 白色 <1> | 奶油色 <21> | 米色 <29> | 黃色 <35> | 橘色 <5> | 淡粉紅色 <22> | 鮭魚粉紅 <37> |

| 深粉紅色 <2> | 紅色 <24> | 薰衣草色 <25> | 水藍色 <38> | 深藍色 <4> | 草綠色 <3> | 深綠色 <46> |

| 黑色 <9> | 米白色 <801> | 淡茶色 <803> | 茶色 <804> | 淡灰色 <805> | 灰色 <806> |

[WOOL CANDY・8色組合]
（各色約10g ※<719・720>只有5g）

[WOOL CANDY・12色組合] （各色約10g）

[**2　黃綠草原系列**]
珍珠奶油色 <427>　黃金色 <201>
紅茶色 <206>　美麗諾羊毛 <719>
奶油色 <21>　草綠色 <3>
深綠色 <46>　卡士達黃 <821>

[**3　復古古董茶色系列**]
原色 <802>　茶色 <804>
深茶色 <31>　MIX茶色 <720>
米白色 <801>　淡茶色 <803>
巧克力色 <41>　灰茶色 <816>

[**1　基本色系組合包**]
白色 <1>　黃色 <35>　橘色 <5>
黃綠色 <27>　綠色 <40>　水藍色 <38>
紫色 <48>　深粉紅色 <2>　紅色 <24>
茶色 <804>　黑色 <9>　藍色 <39>

[**2　淺色系基本色組合包**]
米白色 <801>　奶油色 <21>　黃金色 <201>
淡粉紅色 <22>　粉紅色 <36>　玫瑰色 <202>
薄荷綠 <824>　藍綠色 <825>　淡綠色 <43>
淡茶色 <803>　淺灰色 <805>　巧克力色 <41>

■ WOOL CANDY的基本羊毛分法

WOOL CANDY裡塞滿成束捲曲狀的羊毛。本書所需要的羊毛長度（cm）皆有標記，為了要測量長度，請依以下的方法鬆開。

1 將成束的WOOL CANDY拿在手上，將纏捲於表面的羊毛最末端找出來。

2 找到了最末端位置之後，攤開捲曲的羊毛。

也有大分量的組合包

NarualBlend
（40g／1袋）

Solid羊毛（50g／1袋）

■ 如果真的找不到最末端的位置時……

  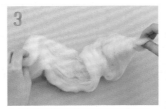

1 將大拇指插入成捲的羊毛中間，壓住內側推出來。

2 一手壓住內側，一手抓住推出來的部分慢慢往外轉開。

3 內側部分就會漸漸鬆開使整體分開。

大分量的單色包裝與WOOL CANDY的顏色號碼是共通的。與左邊分羊毛的示範圖中的WOOL CANDY厚度相同，可依本書的製作方法使用。

基本毛氈圓球の製作技巧

本書所有的作品都是從毛氈圓球開始的喔！

書中的所有作品都是以這個毛氈圓球為基礎製作出來的。
毛氈圓球的尺寸分為S・M・L・XL四種。
只要好好學習基本製作方法，
就可以完成所有作品的基礎造型喔！

→參照P.32毛氈圓球原寸圖。

START！

1　先將填充羊毛剪成適合的尺寸。

尺寸

S ：9cm×9cm
M ：12cm×12cm
L ：15cm×15cm
XL ：18cm×18cm

>>

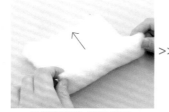

2　從邊端開始慢慢捲起。

>>

3　全部捲起。

4　改變方向，再捲一次。

>>

5　捲完之後以戳針刺入加以固定。

>>

6　戳刺固定完成。但這個狀態還是未完成的雛形。

>>

7　為了使其變成圓形，將側邊的羊毛拉向如箭頭所示的方向，以遮蓋住側面螺旋狀的紋路，並再以戳針刺入固定。

8　整體進行戳刺後，就會形成圓球狀。

>>

9　圓球的基底完成了！接下來還要再鋪上羊毛，所以此階段就算球形看起來不太完美也沒有關係。

>>

長度

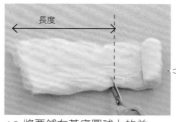

10　將要鋪在基底圓球上的羊毛，剪成適合的尺寸。（鬆開羊毛束的方法請見P.29）

長度

S ：9cm
M ：12cm
L ：15cm
XL ：20cm

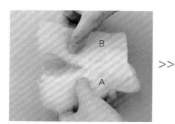

11 以手將剪開的羊毛撕開分成兩等份（A&B）

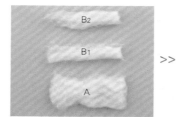

12 分成兩等份之後，將其中一等份（B）再分成兩等份。

13 將步驟9完成的填充羊毛圓球以A羊毛包覆起來。

14 以戳針戳刺使其固定。

15 拉起羊毛，將看得到填充羊毛基底的部分加以遮住。

16 再以戳針戳刺，使羊毛均勻整齊地覆蓋於整體表面。

17 放在兩手的手心上轉動搓揉毛氈圓球。

18 如此一來，基底與羊毛就可以更加緊密的結合起來。

19 進行表面細部整理。輕拉B₁，使其變寬變薄。

20 覆蓋在球體之上。

步驟19至22稱作
「修飾整理表面」喔！

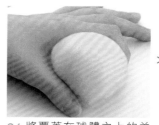

21 將覆蓋在球體之上的羊毛，以拇指&食指用力拉撐。

22 以戳針仔細且輕輕地戳刺表面。

23 將多餘的羊毛以手輕輕取下，或以剪刀修剪亦可。

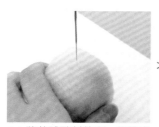

24 將整體戳刺整齊，修飾表面。

25 剩餘的B₂使用方法同步驟19至24，進行修飾整理表面。

Finish!

26 完成！

將表面修飾得更加整齊漂亮的關鍵方法請參見P.35→

基本の圓球　毛氈圓球原寸圖

本書使用的圓球共有S・M・L・XL四種尺寸。
請配合P.30至P.31的圓球製作方法，參照以下原寸圖示進行製作。

以填充羊毛製作的基底毛氈圓球

S

M

填充羊毛
9cm×9cm・以戳針使其固定

填充羊毛
12cm×12cm・以戳針使其固定

覆蓋上羊毛的毛氈基底圓球

S

M

覆蓋上9cm羊毛的圓球

覆蓋上12cm羊毛的圓球

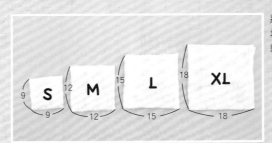

將S至XL各自尺寸
填充羊毛以戳針戳
刺成圓球狀。

L

XL

填充羊毛
15cm×15cm，以戳針使其固定

填充羊毛
18cm×18cm，以戳針使其固定

L

XL

覆蓋上15cm羊毛的圓球

覆蓋上20cm羊毛的圓球

如果不以填充羊毛製作基底圓球，直接以羊毛製作球體也可以喔！

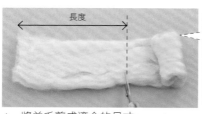

長度
S ：17cm
M ：23cm
L ：20cm×2
XL ：25cm×2

1 將羊毛剪成適合的尺寸。

長度 S・M：12cm
L・XL：15cm

2 剪下來的羊毛，從邊端開始捲起。

3 以戳針戳刺，使其形成圓球狀。

4 圓球完成。

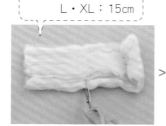

5 再一次裁剪羊毛。

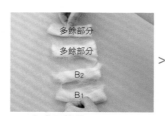

多餘部分
多餘部分
B2
B1

6 分成四等份。

7 將B1撕成薄片狀，製作覆蓋在上面的羊毛。（接下來的作法同P.31步驟20至26。）

雖然也可以只使用羊毛來製作球體，但是絕對非常推薦使用填充羊毛來製作作品喔！比羊毛更好製作，也能節省很多時間；而且只要少量的材料就可以完成各種形狀，費用上也更物超所值哩！

當毛氈圓球作得太小時……

製作出來的球體，若是比P.32・P.33的原寸球體尺寸小，請參照以下方法使球體變大。

1 將球體剪開約2cm左右的切口。

2 將手指伸入切口中，使其擴大。

3 將製作基底用的填充羊毛塞入內裡。

4 以少量同色系的羊毛，覆蓋在切口上。

5 以戳針戳刺，修整球面。

6 再將羊毛鋪上覆蓋，以戳針輕輕淺淺地戳刺，表面即可變得整齊。

7 圓球增大，完成！

當毛氈圓球作的太大時……

以戳針一直戳刺至尺寸完全符合為止。羊毛氈只要繼續戳刺，尺寸就會越來越小。

想將表面處理得更加整齊漂亮時

如果在意表面的
凹凸不平或是戳針戳刺的痕跡…

●方法1　覆蓋上羊毛薄片

是修整表面最基本的方法。在製作各部件或作品整體時都會使用到。

 >>  >>  >>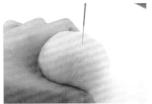

1　將羊毛薄薄地攤開，製作要覆蓋在上面的薄片。製作薄片的關鍵方法就是要將羊毛分數次撕開再重疊，這樣纖維才可以分布於各種不同的方向。

2　覆蓋遮住表面。

3　將覆蓋在球體上的羊毛以拇指＆食指用力拉撐。

4　再以戳針仔細且輕輕淺淺地戳刺表面。戳刺的次數越多，表面就會更加細緻整齊。

●方法2　在手心上搓揉羊毛氈圓球

是最簡單的方法，效果卻非常的好。

●方法3　將表面輕輕撕開一點

在意戳刺後的戳針痕跡時，用以修飾表面的方法。

放在兩手的手心上轉動搓揉，表面羊毛就會愈來愈服貼整齊。

 >>

1　輕輕撕取球體周圍表面少許分量的羊毛，然後覆蓋在自己在意的部份上。

2　以極細戳針輕輕淺淺地戳刺表面。

はっとり流！　超級簡單！　接連耳朵の方法

只要將這篇學習起來
就可以運用於所有的作品。

 >>  >>

1　在耳朵的位置上，以剪刀剪出切口。盡量剪深一點。

2　將切口擴大，並以手指將作好的耳朵塞入。

3　以戳針仔細地戳刺耳朵切口的根部附近，使其固定。

 >>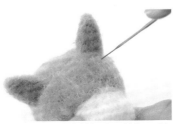

4　切口邊緣會不慎跑進內側，以手指將其往外拉出來。

5　以戳針戳刺外側部分，使切口氈化合起。

以外的部份喔！
也可以應用於耳朵

尾巴……
雞冠……
翅膀也可以！

35

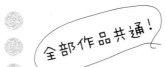
全部作品共通！

臉部表情の作法

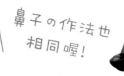

鼻子の作法也
相同喔！

● 眼睛の作法

1　在眼睛的位置上，以錐子刺出小洞。

\>\>

2　先將眼睛零件放上去比對整體的比例，再沾取白膠使其黏著固定。

\>\>

3　眼睛完成囉！

其他……
還有各種製作眼睛的方法喔！

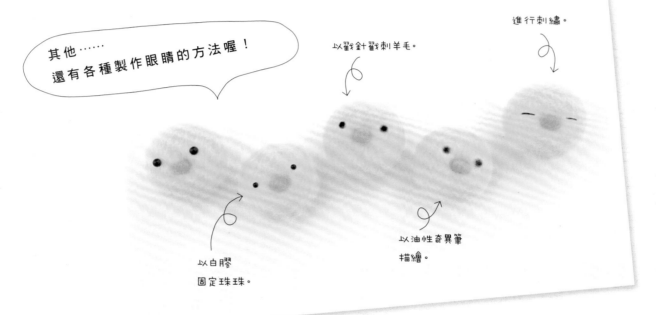

進行刺繡。

以戳針戳刺羊毛。

以白膠
固定珠珠。

以油性奇異筆
描繪。

● 可愛臉頰の作法

使用
這個！

淡粉紅色<22>
只需要1包就可以使用在
所有作品上面喔！

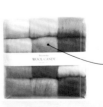

也可以使用
粉紅色<36>喔！

超可愛……

1　覆蓋上少量的淡粉紅色羊毛。

\>\>

2　以戳針戳刺羊毛。

\>\>

3　可愛的臉頰完成了！

● 嘴巴刺繡の作法

1 在刺繡的預定位置以珠針作出合印記號。

>>

2 從作品的下側入針，縫製裝飾線。不需要綁線結，將縫線留下4cm至5cm左右於作品本體外。

>>

3 最後，再一次從下側插出針。

>>

4 以牙籤沾取少量白膠。

5 以白膠使其黏著固定。

>>

6 等到白膠乾了，盡量將露出的縫線自根部剪去。如果線頭看起來太明顯，可以用同色系的羊毛覆蓋隱藏。

> 本書中，
> 嘴巴的主要刺繡方法共有三種！

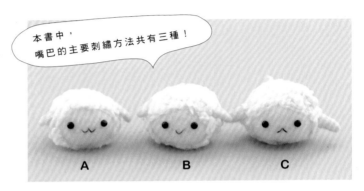

A　　　　B　　　　C

■ 裝飾線の縫法　　※全部皆取2股25號繡線進行縫製。

A

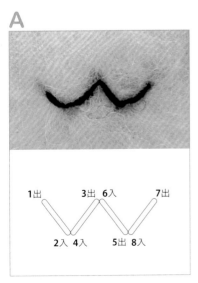

1出　　3出　6入　　7出

2入　4入　　5出　8入

B

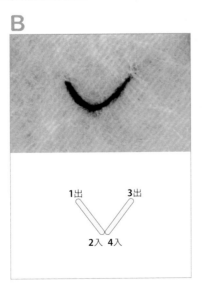

1出　　　3出

2入　4入

C

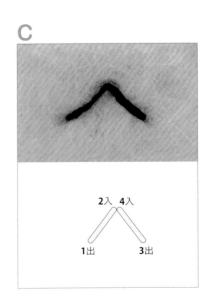

2入　4入

1出　　　3出

37

01 小·雞

材料（1個份量）

【Hamanaka 羊毛氈】
・填充羊毛 9cm×9cm
・羊毛（WOOL CANDY）
　…黃色<35> 9cm
　…橘色<5> 少量
【Hamanaka 眼睛零件】
5mm×2個

原寸尺寸&步驟作法

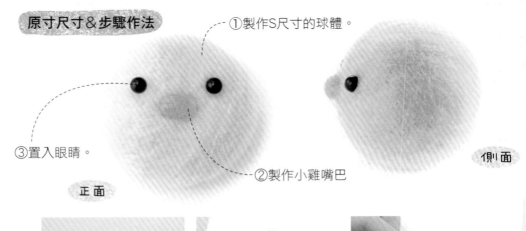

①製作S尺寸的球體。

③置入眼睛。

②製作小雞嘴巴

正面

側面

1　以填充羊毛&黃色羊毛，製作S尺寸的球體。（參見P.30至P.33）

2　取少量的橘色羊毛。

3　從邊端開始捲成圓球狀。

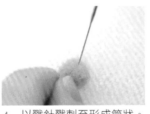

4　以戳針戳刺至形成筒狀。

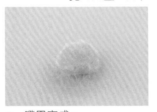

5　嘴巴完成。

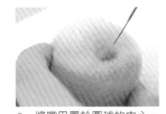

6　將嘴巴置於圓球的中心，以戳針戳刺固定。

7　裝上眼睛就完成了。（眼睛の作法→參見P.36）

---

02 小綿羊

材料（1個份量）

【Hamanaka 羊毛氈】
・填充羊毛 12cm×12cm
・羊毛（WOOL CANDY）
　…奶油色<21> 16cm
　（WOOL CANDY・
　Color Scoured）
　…白色1/2包
【Hamanaka 眼睛零件】6mm×2個
【其他】25號繡線（黑色）少量

同一個組合包也可以作出不同顏色的作品喔！

原寸尺寸&步驟作法

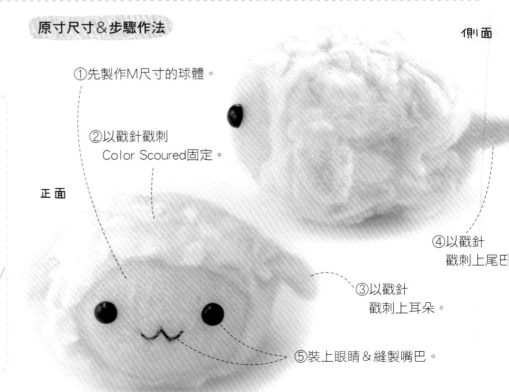

①先製作M尺寸的球體。

②以戳針戳刺 Color Scoured固定。

正面

側面

④以戳針 戳刺上尾巴

③以戳針 戳刺上耳朵。

⑤裝上眼睛&縫製嘴巴。

1 以填充羊毛＆奶油色羊毛，製作M尺寸的球體。（參見P.30至P.33）

2 放在手心中，輕輕壓扁一點。

3 預留臉部的空間，少量的將Color Scoured戳刺上去。

4 整體均勻戳刺完成。

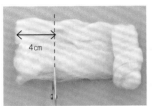

5 剪下4cm的奶油色羊毛。

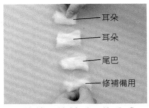

6 將剪下的羊毛平均分成四等份。

耳朵
耳朵
尾巴
修補備用

7 製作耳朵。將步驟6分出的羊毛對摺，再以戳針戳刺使其平坦。

8 尺寸要接近原寸紙型的大小。

9 耳朵完成。

10 製作尾巴。作法同耳朵，對摺羊毛後戳刺，並以手搓揉使其更加細長。

11 尾巴完成。

12 在耳朵的預定位置上，以剪刀深深地剪一道切口。

13 戳刺耳朵加以固定。（參見P.35「接連耳朵の方法」）

14 尾巴作法同耳朵，以剪刀剪出切口再戳刺固定。

背面

15 裝上眼睛＆嘴巴，完成！（參見P.36至P.37）

耳朵

保留，不戳刺。

尾巴

保留，不戳刺。

原寸紙型

03 · 小倉鼠

材料（小倉鼠・大／1隻份）
【Hamanaka 羊毛氈】
・填充羊毛 15cm×15cm
・羊毛（WOOL CANDY）
　…米白色<801> 21cm
　…淡茶色<201> 少量
　…黃金色<803> 少量
　…淡粉紅色<22> 少量
【Hamanaka 眼睛零件】
8mm×2個
【其他】
25號繡線（黑色）少量

原寸紙型

耳朵　保留，不戳刺。

尾巴　保留，不戳刺。

原寸尺寸&步驟作法

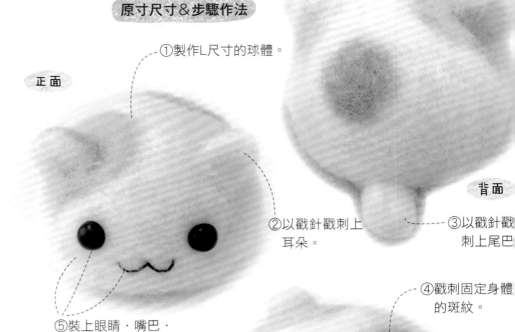

正面

①製作L尺寸的球體。

②以戳針戳刺上耳朵。

背面

③以戳針戳刺上尾巴

④戳刺固定身體的斑紋。

⑤裝上眼睛・嘴巴・臉頰。

側面

1　以填充羊毛＆米白色羊毛製作L尺寸的球體。（參見P.30至P.33）

2　放在手心中，輕輕壓扁一點。

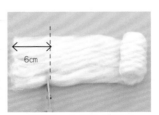

6cm

3　剪下6cm的米白色羊毛。

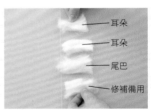

耳朵
耳朵
尾巴
修補備用

4　將剪下的羊毛平均分成四等份。

5　製作耳朵。將步驟4分出的羊毛對摺，再以戳針戳刺。

6　越來越接近原寸紙型的形狀大小。

7　基底形狀完成後，撕取少量的羊毛拉開成薄片狀。

8　將薄片鋪滿整體後，以戳針淺淺地戳刺。這樣表面可以修飾得更加整齊漂亮。

9 耳朵完成。

10 以步驟4分出來的其中一份羊毛製作尾巴。作法同耳朵，對摺後再以戳針戳刺。

11 以手搓揉使其更加細長。

12 尾巴完成。

13 裝上步驟9的耳朵。（參見P.35接連耳朵の方法）

14 尾巴接連方法同耳朵。

15 取少量的淡茶色羊毛。

16 以戳針戳刺固定，作為身體的紋路。

17 將黃金色羊毛戳刺在耳朵的周圍。

18 重疊覆蓋在耳朵上戳刺固定。

19 裝接眼睛・嘴巴・臉頰。（參見P.36至P.37）

20 在臉頰上方戳刺數回使其凹陷，這樣臉部形狀會更加圓滾可愛。完成！

以M尺寸球體製作，就可以完成迷你版小倉鼠喔！

材料（小倉鼠・小／1隻份）
【Hamanaka 羊毛氈】
・填充羊毛 12cm×12cm
・羊毛（WOOL CANDY）
　…奶油色<21> 17cm
　…淡茶色<803> 少量
　…黃金色<201> 少量
　…淡粉紅色<22> 少量
【Hamanaka 眼睛零件】
6mm×2個
【其他】
25號繡線（黑色）少量

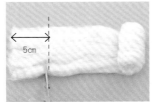

5cm

除了步驟3改為剪下5cm羊毛，其餘作法皆與小倉鼠・大相同。

原寸紙型

耳朵
保留，不戳刺。

尾巴
保留，不戳刺。

可以自由改變顏色&紋路來製作喔！

灰茶色<816>

奶油色<21>　米白色<801>　淡茶色<803>　奶油色<21>

淡茶色<803>

正面　　側面　　　　　背面

奶油色<21>

黃金色<201>

41

o4 小·貓咪

材料 （1隻份）
【Hamanaka 羊毛氈】
・填充羊毛 12cm×12cm
・羊毛（WOOL CANDY）
 …奶油色<21> 28cm
 …淡茶色<803> 6cm
 …巧克力色<41> 6cm
【Hamanaka 眼睛零件】
6mm×2個
【其他】
25號繡線（黑色）少量

原寸紙型

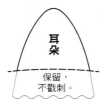

耳朵
保留，
不戳刺。

原寸尺寸&步驟作法

①製作M尺寸
的球體。

正上方

③以戳針
戳刺上尾巴。

正面

②以戳針
戳刺上耳朵。

④以戳針戳刺
固定身體的
斑紋。

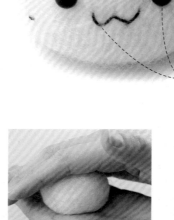

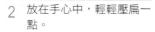

側面

⑤裝上眼睛·嘴巴·
臉頰。

1 以填充羊毛&奶油色羊毛製作M尺寸的球體。（參見P.30至P.33）

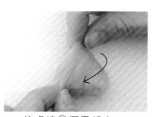

2 放在手心中，輕輕壓扁一點。

3 將寬6cm的淡茶色羊毛剪下1/3。

4 依虛線進行摺疊。

5 依虛線①摺疊起來。

6 依虛線②摺疊起來。

7 以戳針戳刺固定。

8 基底形狀完成後，撕取少量的羊毛拉開成薄片狀。

9 將薄片鋪滿整體後，以戳針淺淺地戳刺。這樣表面可以修飾的更加整齊漂亮。

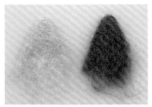
10 依步驟3至9，以巧克力色羊毛製作另一隻耳朵。

11 在耳朵的預定位置上，以剪刀深深地剪一道切口。

12 戳刺耳朵加以固定。（參見P.35「接連耳朵の方法」）

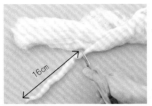
13 以奶油色羊毛製作尾巴。取少量的羊毛剪下16cm。

14 對摺之後，以手搓揉使其呈細條狀。

15 以戳針戳刺固定。

16 耳朵完成。

17 以手指彎曲羊毛條，再以戳針戳刺固定弧度。

18 以與耳朵相同的作法接連尾巴。

19 戳刺固定身體的紋路。取少量的巧克力色羊毛慢慢地戳刺固定。

20 以剪刀剪下多餘的羊毛。

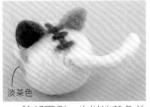
淡茶色
21 臉部兩側，也以淡茶色羊毛戳刺紋路加以固定。

22 裝上眼睛・嘴巴。（參見P.36至P.37）縫上鬍鬚＆嘴巴裝飾線就完成了！

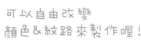
可以自由改變顏色＆紋路來製作喔！

只需要一包就可以用在所有的作品上面喔！

WOOL CANDY
12色組合
「淺色系基本組合包」

隨心所欲地彎曲
試著製作加入
鐵線的尾巴吧！

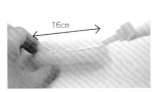
16cm
1 剪下約½寬，16cm的羊毛，將白膠塗抹在中央處。

2 將鐵線放在白膠上。

3 以羊毛將鐵線包捲起來，再以戳針戳刺整體固定。需注意不要刺到鐵線。

4 完成！

43

o5 鸚 鵡

材料（1隻份）

【Hamanaka 羊毛氈】
· 填充羊毛12cm×12cm
· 羊毛（WOOL CANDY）
　…黃色<35> 12cm
　…黃綠色<27> 16cm
　…橘色<5> 少量
　…水藍色<38> 少量
【Hamanaka 眼睛零件】
5mm×2個

正面　　　　　　　　原寸尺寸&步驟作法　　　　　　　背面

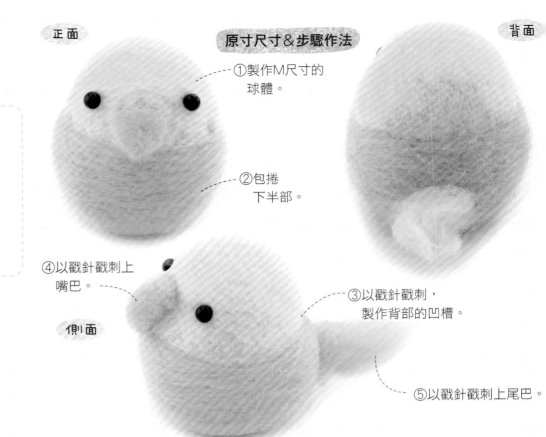

①製作M尺寸的
　球體。

②包捲
　下半部。

④以戳針戳刺上
　嘴巴。

③以戳針戳刺，
　製作背部的凹槽。

側面

⑤以戳針戳刺上尾巴。

1 以填充羊毛&黃色羊毛製作M尺寸的球體。（參見P.30至P.33）

2 放在手心中，輕輕壓扁成縱長狀。

3 剪下¼寬·16cm的黃綠色羊毛。

4 以剪下的羊毛包捲住球體的下半部。

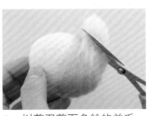

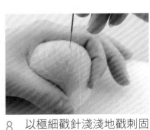

5 將空隙完全填補起來般的以戳針戳刺固定。

6 以剪刀剪下多餘的羊毛。

7 撕取少量的羊毛拉開成薄片狀，覆蓋在步驟4至6戳刺的區塊上。

8 以極細戳針淺淺地戳刺固定。這樣可以將表面修飾得更加整齊漂亮。

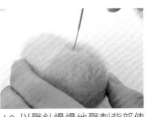

9 身體完成。

10 以戳針慢慢地戳刺背部使其稍稍凹陷，製作出彎曲弧度。

11 取少量的橘色羊毛，以戳針戳刺出嘴巴的形狀並加以固定。

12 將嘴巴戳刺固定於臉部。

13 將水藍色薄片羊毛，戳刺在嘴巴上緣作出細緻的紋路。

14 剪下多餘的羊毛。

15 製作尾巴。剪下約5cm長的少量黃綠色羊毛。

5cm

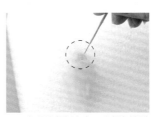

16 在單側邊端上，以戳針戳刺固定。

17 尾巴完成。

18 在尾巴的預定位置上，以剪刀深深地剪一道切口。

19 插入已經製作好的尾巴。

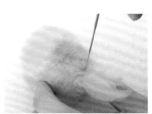

20 以戳針戳刺固定。（參見P.35「接連耳朵の方法」）

21 裝上眼睛（參見P.36），再戳刺上少量的水藍色羊毛完成臉部製作。

22 完成！

不同色系

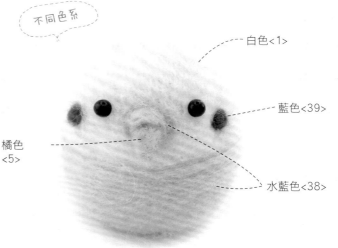

白色<1>

藍色<39>

橘色<5>

水藍色<38>

黃色<35>

奶油色<21>

淡粉紅色<22>

橘色<5>

白色<1>

製作玄鳳鸚鵡時，必須加上鳥冠。

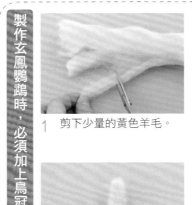

1 剪下少量的黃色羊毛。

2 以戳針戳刺成細長形加以固定。

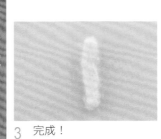

3 完成！

4 戳刺固定於頭頂。

06 貓頭鷹

材料
【Hamanaka 羊毛氈】
・填充羊毛12cm×12cm
・羊毛（WOOL CANDY）
…白色<1> 12cm
…淡茶色<803> 24cm
…橘色<5> 少量
…紅茶色<206> 少量
【Hamanaka 眼睛零件】
5mm×2個

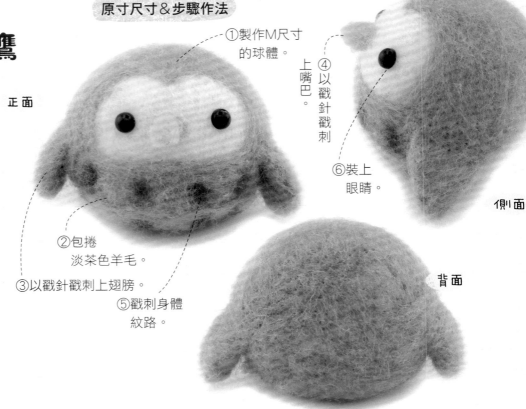

正面

①製作M尺寸的球體。

④以戳針戳刺

上嘴巴

⑥裝上眼睛。

側面

②包捲淡茶色羊毛。

③以戳針戳刺上翅膀。

⑤戳刺身體紋路。

背面

1 以填充羊毛&白色羊毛製作M尺寸的球體。（參見P.30至P.33）

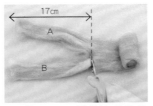

2 剪下17cm長的淡茶色羊毛，分成兩等份。

3 以標示A的羊毛包捲一圈在球體上。

4 在羊毛的邊端戳刺加以固定。

5 拉起背面的羊毛以戳針戳刺，將白色的部分包覆隱藏起來。

6 製作臉部的輪廓。從B擷取少量約9cm長的羊毛，覆蓋在上面中央的白色部分戳刺固定。

7 沿著箭頭方向，分別往左、往右戳刺固定。

8 從B部分取少量的羊毛，覆蓋在下半部白色處，以戳針戳刺加以固定。

9 從B部分撕取少量的羊毛，拉開成薄片狀。

10 將淡茶色羊毛覆蓋在全部的球體上，以戳針淺淺的戳刺，使表面修飾得更加整齊&漂亮。

11 臉部輪廓製作完成。

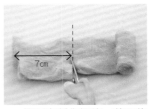

12 接下來製作翅膀。剪下約7cm的淡茶色羊毛。

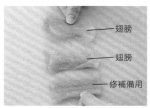

13 將剪下的羊毛分成三等份。

翅膀
翅膀
修補備用

14 將分好的羊毛依虛線進行摺疊。

①　②

15 依虛線①摺疊。

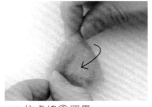

16 依虛線②摺疊。

17 以戳針戳刺固定。

18 基底形狀完成後，撕取少量羊毛拉開成薄片狀。

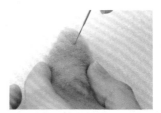

19 將薄片鋪滿整體後，以戳針淺淺地戳刺，使表面修飾得更加整齊漂亮。

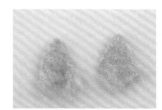

20 以步驟14至19相同作法製作另一片翅膀。

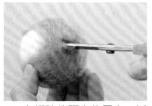

21 在翅膀的預定位置上，以剪刀深深地剪一道切口。

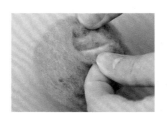

22 將手指伸入切口當中，使其擴大。

23 以戳針戳刺翅膀固定。（參見P.35「接連耳朵の方法」）

24 撕取少量的橘色羊毛。

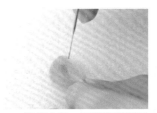

25 對摺之後，以戳針戳刺固定，製作嘴巴的形狀。

26 嘴巴完成。

27 在裝嘴巴的預定位置上，以剪刀直向剪一道切口。

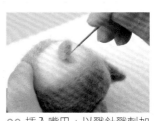

28 插入嘴巴，以戳針戳刺加以固定。

29 將少量的紅茶色，慢慢地戳刺在身體上製作紋路。

30 剪下多餘的羊毛。

31 裝上眼睛，完成！（參見P.36「眼睛の製作方法」）

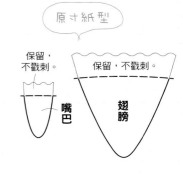

原寸紙型

保留，不戳刺。
保留，不戳刺。

嘴巴
翅膀

18 小雪人

材料
【Hamanaka 羊毛氈】
・填充羊毛12cm×12cm
・羊毛（WOOL CANDY）
…白色<1> 12cm
…紅色<24> 8cm
…水藍色<38> 18cm
…淡粉紅色<22> 少量
【Hamanaka 眼睛零件】
6mm×2個
【其他】
25號繡線（黑色）少量

正面

① 製作M尺寸的球體。

④ 裝上眼睛・嘴巴・臉頰。

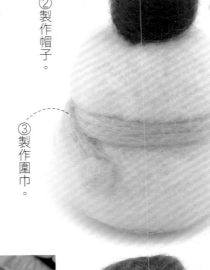

背面

② 製作帽子。

③ 製作圍巾。

1 以填充羊毛&白色羊毛製作M尺寸的球體。

2 放在手心中，輕輕壓扁成縱長狀。

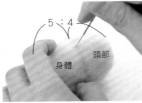

3 取5：4的間距位置以戳針戳刺作出頸部線條。

側面

4 剪下約1/3寬・8cm的紅色羊毛。

5 依P.55步驟17至19相同作法製作帽子。

6 帽子完成。

7 將帽子戳刺固定在頭頂上。根部必須戳刺得牢固緊密一點。

8 取18cm長的少量水藍色羊毛，以手掌搓揉成細長條狀。

9 以戳針戳刺加以固定。

10 包捲在頸部凹處，並且在正面交叉重疊，以戳針戳刺加以固定。

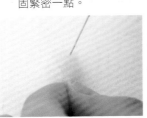

11 製作圍巾兩端的毛球。取少量淡粉紅色羊毛戳刺成圓形。

12 製作兩個圓球。

13 戳刺在圍巾前端加以固定。

14 裝上眼睛、嘴巴、臉頰（參見P.36至P.37），完成！

11 不倒翁

材料（1個份量）

【Hamanaka 羊毛氈】
・填充羊毛12cm×12cm
・羊毛（WOOL CANDY）
　…白色<1> 12cm
　…紅色<24> 15cm
　…黃色<35> 少量
　…淡粉紅色<22> 少量

【Hamanaka 眼睛零件】
5mm×2個

【其他】
25號繡線（黑色）少量

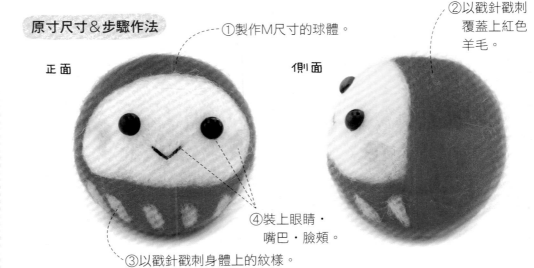

原寸尺寸&步驟作法

①製作M尺寸的球體。

②以戳針戳刺覆蓋上紅色羊毛。

正面　　側面

③以戳針戳刺身體上的紋樣。

④裝上眼睛・嘴巴・臉頰。

1 以填充羊毛＆白色羊毛製作M尺寸的球體。（參見P.30至P.33）

2 剪下約1/3寬・15cm長的紅色羊毛。

3 將剪下的羊毛，包捲球體一圈。

4 以戳針戳刺加以固定。

5 拉起後面的羊毛，以戳針戳刺覆蓋住白色的部分。

6 取少量羊毛覆蓋住下半部白色的球體部分。

7 以戳針戳刺。

8 再取少量羊毛拉開成薄片狀，將剩下的空隙也填補整齊。

9 以極細戳針淺淺地戳刺，使表面修飾得更加整齊漂亮。

10 將少量的黃色羊毛慢慢地戳刺上去，製作紋樣。

11 以剪刀剪下多餘的羊毛。

12 裝上眼睛、嘴巴、臉頰。（參見P.36至P.37）

13 完成！

只需要
一包就可以
使用在所有作品
上面喔！

WOOL CANDY
12色組合
「淺色系基本組合包」

試著製作出各種鮮艷色彩的組合吧！

08 俄羅斯娃娃

原寸尺寸&步驟作法

材料（大尺寸）
【Hamanaka 羊毛氈】
・填充羊毛18cm×18cm
・羊毛（WOOL CANDY）
　…白色<1> 20cm
　…紅色<24> 20cm
　…奶油色<21> 5cm
　…黃綠色<27> 少量
　…橘色<5> 少量
　…茶色<804> 少量
　…淡粉紅色<23> 少量
【Hamanaka 眼睛零件】
6mm×2個
【其他】
25號繡線（黑色）少量

①製作XL尺寸的球體。

②以戳針戳刺頭巾加以固定。

④以戳針戳刺頭髮。

⑤裝上眼睛・嘴巴・臉頰。

正面

背面

③以戳針戳刺服裝紋樣。

1　以填充羊毛&白色羊毛製作XL尺寸的球體。（參見P.30至P.33）

2　放在手心中，輕輕壓扁成縱長狀。

3　取5：4的間距位置以戳針戳刺作出頸部線條。

4　取約¼寬・5cm長的奶油色羊毛，戳刺在臉部的位置上。（中尺寸4cm・小尺寸3.5cm）

5　戳刺之後。因為還要重疊覆蓋羊毛上去，邊緣的線條大概就好不需要太在意。

6　剪下約¼寬・11cm長的紅色羊毛。（中尺寸10cm・小尺寸9cm）

7　覆蓋在球體的上半部。

8　以戳針戳刺作出頭巾的形狀。記住必須預留下臉的部分。

9　後側也必須覆蓋遮住&戳刺固定。

10　取約20cm長的少量羊毛，先戳刺固定於頸部中央。（中尺寸16cm・小尺寸13cm）

11　沿著箭頭方線，像畫圓弧曲線一般，在左右分別加以戳刺。

12 取少量羊毛覆蓋遮住殘留下的白色空隙。

13 取少量的橘色羊毛製作下面衣服的紋樣。

14 首先，像畫圓圈般先決定出輪廓線條。

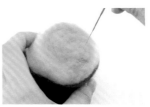

15 取少量羊毛慢慢覆蓋遮住殘留的空隙。

16 取少量的黃綠色羊毛。

17 在步驟15完成的橘色羊毛線條上再戳刺一圈。

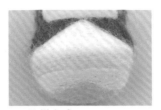

18 紋樣完成。

19 裝上頭髮。取少量茶色羊毛，從羊毛中央開始戳刺固定。

20 左右兩邊，都沿著頭巾邊緣塞入式般的戳刺固定。

21 以剪刀剪下多餘的羊毛。

21 裝上眼睛・嘴巴・臉頰。（參見P.36至P.37）

23 完成！

正面　　側面　　背面

中尺寸娃娃以L的球體來製作

材料（中尺寸）

【Hamanaka 羊毛氈】
・填充羊毛15cm×15cm
・羊毛（WOOL CANDY）
　白色<1> 15cm
　奶油色<21> 4cm
　橘色<5> 16cm
　深粉紅色<2> 少量
　水藍色<38> 少量
　茶色<804> 少量
　淡粉紅色<22> 少量
【Hamanaka 眼睛零件】
5mm×2個
【其他】
25號繡線（黑色）少量

小尺寸娃娃以M的球體來製作

材料（小尺寸）

【Hamanaka 羊毛氈】
・填充羊毛12cm×12cm
・羊毛（WOOL CANDY）
　白色<1> 12cm・奶油色<21> 3.5cm
　黃綠色<27> 13cm・淡綠色<43> 少量
　淡粉紅色<22> 少量・茶色<804> 少量
【Hamanaka 眼睛零件】
4.5mm×2個
【其他】
25號繡線（黑色）少量

正面　　側面　　背面

09 動物裝·小·玩偶

材料（兔子玩偶）

【Hamanaka羊毛氈】
・填充羊毛15cm×15cm
・羊毛（WOOL CANDY）
　…奶油色<21> 15cm
　…紅色<24> 28cm
　…茶色<804> 少量
　…黃綠色<27> 少量
　…淡粉紅色<22> 少量
【Hamanaka眼睛零件】
5mm×2個
【其他】
25號繡線（黑色）少量

正面

③以戳針戳刺
　固定頭髮。

④以戳針戳刺
　固定耳朵。

①製作L
　尺寸的
　球體。

②以戳針戳刺覆蓋上羊毛。

⑤裝上眼睛・
　嘴巴・臉頰。

⑥裝上
　鈕釦。

背面

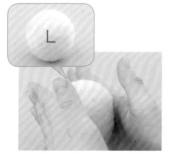

1 以填充羊毛&奶油色羊毛製作L尺寸的球體（參見P.30至P.33）。放在手心中，輕輕搓揉成縱長狀。

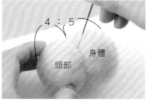

2 取4：5的間距位置以戳針戳刺作出頸部線條。

3 剪下約¼寬・20cm長的紅色羊毛。

4 覆蓋在球體上，以戳針戳刺固定。

5 環繞球體一圈，均勻戳刺加以固定。

6 完整覆蓋後側進行戳刺。

7 取約10cm左右的少量羊毛覆蓋於頸部。

8 環繞頸部一圈，一邊拉緊一邊以戳針戳刺固定。

9 撕取少量的羊毛拉開成薄片狀，覆蓋遮住下半部空隙的地方。

10 完整覆蓋下半部，以戳針戳刺固定。再以極細戳針淺淺戳刺，使表面變得更加整齊漂亮。

11 整體修飾整齊。

12 戳上頭髮。取少量茶色羊毛，對齊羊毛＆額頭的中心點開始戳刺。

13 往左＆往右進行戳刺。

14 以剪刀剪下多餘的羊毛。

15 製作小兔子的耳朵。依P.59步驟2至8的順序製作耳朵。

16 在耳朵的預定位置上，以剪刀深深地剪一道切口，戳刺耳朵加以固定。（參見P.35「接連耳朵の方法」）

17 取少量黃綠色羊毛預備製作鈕釦。

18 搓揉成圓形以戳針戳刺加以固定。

19 以戳針戳刺於身體正面。

20 裝上眼睛‧嘴巴‧臉頰，完成！（參見P.36至P.37）

❀ 只要改變耳朵的形狀就完成囉！

材料（老鼠玩偶）
【Hamanaka 羊毛氈】
‧填充羊毛15cm×15cm
‧羊毛（WOOL CANDY）
　…奶油色<21> 15cm
　…水藍色<38> 26cm
　…茶色<804> 少量
　…藍色<39> 少量
　…淡粉紅色<22> 少量
【Hamanaka 眼睛零件】
5mm×2個
【其他】
25號繡線（黑色）少量

老鼠耳朵也以相同的方法製作。
參見P.57步驟2至9。

材料（貓咪玩偶）
【Hamanaka 羊毛氈】
‧填充羊毛15cm×15cm
‧羊毛（WOOL CANDY）
　…奶油色<21> 15cm
　…橘色<5> 26cm
　…茶色<804> 少量
　…深粉紅色<2> 少量
　…淡粉紅色<22> 少量
【Hamanaka 眼睛零件】
5mm×2個
【其他】
25號繡線（黑色）少量

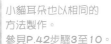

小貓耳朵也以相同的方法製作。
參見P.42步驟3至10。

1o 海軍男孩

原寸尺寸&步驟作法

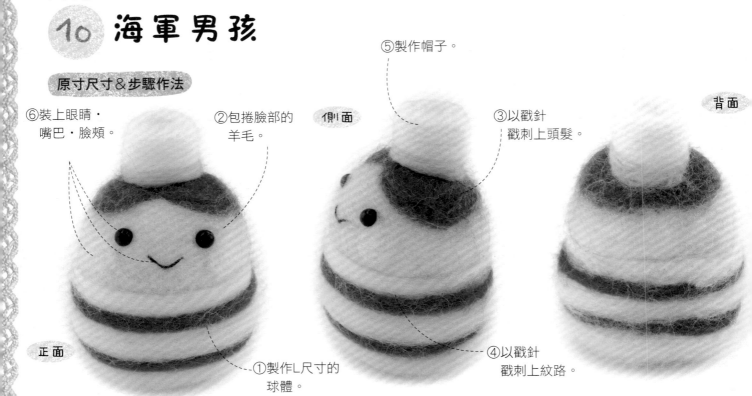

⑥裝上眼睛・嘴巴・臉頰。

②包捲臉部的羊毛。

側面

⑤製作帽子。

③以戳針戳刺上頭髮。

背面

①製作L尺寸的球體。

④以戳針戳刺上紋路。

正面

材料（1個份量）
【Hamanaka 羊毛氈】
・填充羊毛15cm×15cm
・羊毛（WOOL CANDY）
…白色<1> 23cm
…奶油色<21> 12cm
…藍色<39> 16cm
…水藍色<38> 少量
…紅茶色<206> 10cm
…淡粉紅色<22> 少量
【Hamanaka 眼睛零件】
5mm×2個
【其他】
25號繡線（黑色）少量

1 以填充羊毛＆白色羊毛製作L尺寸的球體（參見P.30至P.33）。

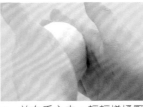

2 放在手心中，輕輕搓揉壓扁成縱長狀。

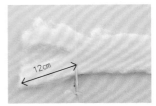

3 剪下約½寬・12cm長的奶油色羊毛。

4 以剪下的羊毛覆蓋包捲球體上半部。

5 以戳針均勻地戳刺固定。

6 以戳針在兩色交接處戳刺一圈，製作出頸部線條。

7 基底完成。

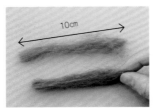

8 取兩條約10cm長的少量紅茶色羊毛製作頭髮。

9 先將一條的末端戳刺在臉部中央，使羊毛順向左側。

10 再將另一條的末端同樣戳刺在臉部中央，使羊毛順向右側。

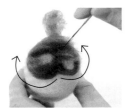
11 沿著箭頭的方向，像在畫心形般地進行戳刺，覆蓋遮住空隙處。

12 剪下多餘的羊毛。

13 製作衣服的紋路。取約16cm長的少量羊毛以手仔細搓揉，製作兩條。

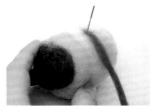
14 先取一條從後側開始環繞並戳刺於身體，製作出紋路。

15 另一條也以相同作法戳刺，並以剪刀剪下多餘的羊毛。

16 製作帽子。將約¼寬・8cm長的白色羊毛剪下。

17 將剪下的羊毛自邊端開始捲起。

18 以戳針戳刺固定。

19 橫向戳刺至一個程度後，直向也要進行戳刺。

20 帽子完成。

21 在頭部上方戳刺上帽子。根部務必戳刺得牢固一些。

22 帽子上方也必須戳刺加以固定。

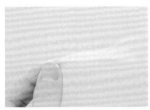
23 取少量的水藍色羊毛。

24 戳刺在帽子的根部製作出線條紋路。

25 裝上眼睛・嘴巴・臉頰，完成！（參見P.36至P.37）

26 完成！

顏色不同，但製作方法相同喔！

橘色<5>
橘色<5>
茶色<804>
紅茶色<206>
紅色<24>
黃色<35>

12 守衛小狗

材料

【Hamanaka 羊毛氈】
・填充羊毛12cm×12cm
・羊毛（WOOL CANDY）
　…白色<1> 18cm
　…紅色<24> 15cm
　…水藍色<38> 少量
　…黑色<9> 少量
【Hamanaka 眼睛零件】
6mm×2個
【其他】
25號繡線（黑色）少量

正面

②以戳針戳刺上耳朵。

側面

④裝上眼睛＆嘴巴。

①製作M尺寸的球體。

原寸紙型

耳朵

保留，不戳刺。

正上方

③以戳針戳刺上紋路

1 以填充羊毛＆白色羊毛製作M尺寸的球體（參見P.30至P.33）。在手心中輕輕搓揉壓扁成縱長狀。

2 參見P.42至P.43步驟3至10，以白色羊毛製作耳朵。

3 取少量紅色羊毛重疊於耳朵內側，以戳針戳刺加以固定。如圖所示，先戳刺耳尖的部分。

4 其餘部分，盡量以戳針戳刺出三角形的形狀。

5 耳朵完成。

6 將耳朵戳刺在身體上。（參見P.35「接連耳朵の方法」）

7 取少量水藍色羊毛。

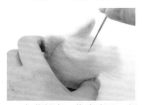

8 在背部處，像畫半圓一般以戳針戳刺加以固定。

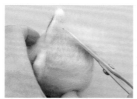

9 以剪刀剪去多餘的羊毛。

10 戳刺完成。

11 取約15cm長的少量紅色羊毛。

12 沿著已戳刺完成水藍色羊毛的周圍再戳刺一圈。

13 背部紋樣完成。

14 將約4cm長的少量黑色羊毛對摺，並以戳針戳刺，製作額頭的紋路。

15 將上端羊毛剪齊。

16 以戳針戳刺在頭部上方加以固定。

17 裝上眼睛＆嘴巴，完成！（參見P.36至P.37）

13 十二生肖

老鼠

材料
【Hamanaka 羊毛氈】
・填充羊毛12cm×12cm
・羊毛（WOOL CANDY）
　…水藍色<38> 34cm
【Hamanaka 眼睛零件】
5mm×2個
【其他】
25號繡線（黑色）少量

這兩個組合包可以
作出全部的十二生肖喔！

WOOL CANDY 12色組合
「基本組合包」

WOOL CANDY 12色組合
「淺色系基本組合包」

原寸紙型

耳朵

保留，
不戳刺。

原寸尺寸&步驟作法

①製作M尺寸
的球體。

②以戳針戳
刺上耳朵。

正面

④裝上眼睛&嘴巴。

③以戳針
戳刺上尾巴。

側面

1 以填充羊毛&水藍色羊毛製作M尺寸球體（參見P.30至P.33）。再搓揉壓扁成縱長狀。

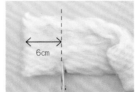

2 剪下6cm的水藍色羊毛。

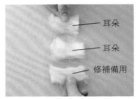

3 分成三等份。

耳朵
耳朵
修補備用

4 製作耳朵。將分成三等份的羊毛，從邊端開始捲起。

5 以戳針戳刺平整，加以固定。

6 慢慢戳刺作出耳朵的形狀。

7 耳朵完成之後，先撕取少量的羊毛拉開成薄片狀。

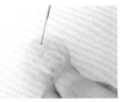

8 將薄片包捲在耳朵上，以戳針淺淺地戳刺固定。這樣表面就可以變得更加整齊漂亮。

9 以相同作法製作另一隻耳朵。

10 將耳朵戳刺在身體上。（參見P.35「接連耳朵の方法」）

11 參見P.43「小貓咪」的步驟13至17，製作尾巴。

12 與耳朵一樣以剪刀深深地剪一道切口，戳刺尾巴加以固定。

13 尾巴完成。

14 裝上眼睛・嘴巴・臉頰，完成！（參見P.36至P.37）

小牛

材料
【Hamanaka 羊毛氈】
・填充羊毛12cm×12cm
・羊毛（WOOL CANDY）
　…白色<1> 12cm
　…黑色<9> 5cm
　…黃色<35> 5cm
【Hamanaka 眼睛零件】
6mm×2個
【其他】
25號繡線（黑色）少量

原寸尺寸&步驟作法

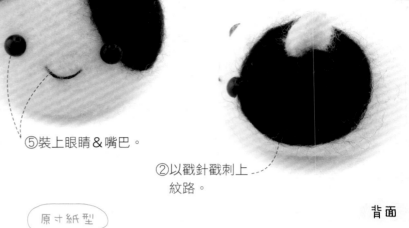

正面

①製作M尺寸的球體。

③以戳針戳刺上耳朵。

④以戳針戳刺上角。

側面

⑤裝上眼睛&嘴巴。

②以戳針戳刺上紋路。

背面

原寸紙型

角&耳朵

保留，不戳刺。

1 以填充羊毛&白色羊毛製作M尺寸的球體（參見P.30至P.33）。放在手心中，輕輕搓揉壓扁成縱長狀。

2 剪下約5cm長的少量黑色羊毛。

3 將剪下的羊毛像畫圓一樣的進行戳刺，製作紋路。

4 紋路完成。

5 與步驟2相同，剪下約5cm長的少量黑色羊毛。

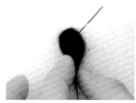

6 對摺後，以戳針戳刺加以固定。

7 這樣就很接近耳朵的形狀了。

8 以相同步驟製作兩隻耳朵。

9 以黃色羊毛製作牛角。依步驟5至8製作兩隻牛角。

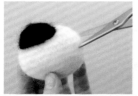

10 在耳朵的預定位置上，以剪刀深深地剪一道切口。

11 插入耳朵，以戳針戳刺加以固定。（參見P.35「接連耳朵の方法」）

12 在耳朵內側以剪刀剪一道切口。

13 與耳朵作法相同，戳刺上牛角加以固定。

14 裝上眼睛・嘴巴・臉頰，完成！（參見P.36至P.37）

小兔子

材料
【Hamanaka 羊毛氈】
・填充羊毛12cm×12cm
・羊毛（WOOL CANDY）
　…淡粉紅色<22> 12cm
　…粉紅色<36> 8cm
【Hamanaka 眼睛零件】
8mm×2個
【其他】
25號繡線（黑色）少量

原寸紙型

尾巴
保留，不戳刺。

耳朵
保留，不戳刺。

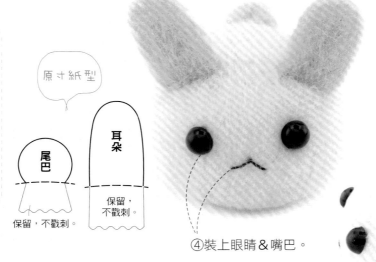

正面

④裝上眼睛&嘴巴。

原寸尺寸&步驟作法

②以戳針戳刺上耳朵。

①製作M尺寸的球體。

側面

③以戳針戳刺上尾巴。

背面

1 以填充羊毛&淡粉紅羊毛製作M尺寸的球體（參見P.30至P.33）。放在手心中，輕輕搓揉壓扁成縱長狀。

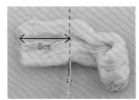

2 剪下約8cm長的粉紅色羊毛。

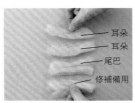

3 分成四等份。

耳朵
耳朵
尾巴
修補備用

4 製作耳朵。將羊毛對摺後以戳針戳刺加以固定。

5 這樣就很接近耳朵的形狀了。

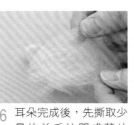

6 耳朵完成後，先撕取少量的羊毛拉開成薄片狀。

7 將薄片包捲在耳朵上，以戳針淺淺地戳刺固定。

8 以相同作法製作兩隻耳朵。

9 製作尾巴。將步驟3分出的尾巴羊毛再分成兩等份。

10 將兩等份其中的一份，包捲起來。

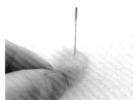

11 以戳針戳刺，尾巴就完成了。

12 尾巴完成！

13 在耳朵的預定位置上，以剪刀深深地剪一道切口。

14 插入耳朵，以戳針戳刺加以固定。（參見P.35「接連耳朵の方法」）

15 尾巴也以與耳朵相同的方法進行戳刺固定。

16 裝上眼睛・嘴巴，完成！（參見P.36至P.37）

小老虎

材料

【Hamanaka 羊毛氈】
・填充羊毛12cm×12cm
・羊毛（WOOL CANDY）
 …黃色<35> 34cm
 …茶色<804> 少量

【Hamanaka 眼睛零件】
6mm×2個
【其他】
25號繡線（黑色）少量

原寸尺寸&步驟作法

製作方法同P.42「小貓咪」
※不用製作鬍鬚，
但需在尾巴戳刺紋路。

背面

側面

黃色<35>

茶色<804>   正面

小龍

材料

【Hamanaka 羊毛氈】
・填充羊毛12cm×12cm
・羊毛（WOOL CANDY）
 …薄荷綠<824> 27cm
 …淡綠色<43> 6cm
 …粉紅色<36> 少量
【Hamanaka 眼睛零件】
6mm×2個
【其他】
樹枝 2枝

原寸尺寸&步驟作法

正面

⑥裝上龍角。

背面

側面

①製作M尺寸的球體。

②以戳針戳刺上耳朵。

③以戳針戳刺上尾巴。

⑤裝上眼睛&臉頰。

④以戳針戳刺上背部的鰭。

原寸紙型

耳朵
保留，不戳刺。

尾巴
保留，不戳刺。

背鰭
保留，不戳刺。

M

1　以填充羊毛&薄荷綠羊毛製作M尺寸的球體。（參見P.30至P.33）放在手心中，輕輕搓揉壓扁成縱長狀。

2　以戳針戳刺中央作出圓弧曲線。

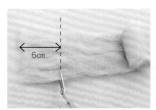

3　剪下約6cm的薄荷綠色羊毛。

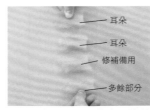

耳朵
耳朵
修補備用
多餘部分

4　分成四等份，其中兩等份用來製作耳朵。

5　依照P.47步驟14至20製作耳朵。紙型請參見P.60。

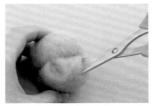

6　在耳朵的預定位置上，以剪刀深深地剪一道切口。

7　插上耳朵，以戳針戳刺固定。（參見P.35「接連耳朵の方法」）

9cm

8　剪下約½寬‧9cm長左右的薄荷綠羊毛。

9　將剪下的羊毛對摺後以戳針戳刺，製作出尾巴形狀。

10　尾巴完成。下半部不需戳刺，留下鬆軟的羊毛。

11　將沒有氈化的鬆軟羊毛拉開，套在身體上。

12　將柔軟的羊毛以戳針戳刺加以固定。

13　接連處，以指頭拉開羊毛均勻覆蓋，再以戳針戳刺修飾表面。

14　尾巴完成。

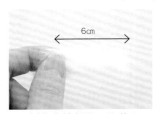

6cm

15　製作背鰭部分。取約6cm長的少量淡綠色羊毛。

16　對摺之後，以戳針戳刺平整。

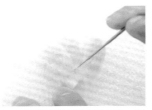

17　同樣的形狀製作三個，以戳針戳刺連接交疊起來。

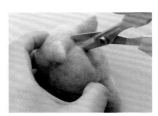

18　在背部以剪刀深深地剪一道切口。

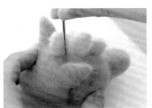

19　插入背鰭，耳朵也以相同方法戳刺固定。以與耳朵相同的作法，插入耳朵戳刺固定。

20　臉的中央以戳針戳刺出凹痕曲線。

21　裝上眼睛＆臉頰（參見P.36至P.37），並在兩耳內側以錐子各刺一個洞。

22　沾黏上白膠後插入樹枝，完成！

61

小蛇

材料

【Hamanaka 羊毛氈】
・填充羊毛12cm×12cm
・羊毛（WOOL CANDY）
　…黃綠色<27> 28cm
　…水藍色<38> 少量
　…淡粉紅色<22> 少量

【Hamanaka 眼睛零件】
6mm×2個
【其他】
25號繡線（黑色）少量

正面

背面

②製作尾巴。

③裝上眼睛・嘴巴・
臉頰。

④戳刺固定尾巴。

①製作M尺寸
的球體。

1 以填充羊毛＆黃綠色
　羊毛製作M尺寸的球體
　（參見P.30至P.33）。
　放在手心中，輕輕搓揉
　壓扁成縱長狀。

2 製作尾巴。剪下約2/3
　寬・16cm長的黃綠色羊
　毛。

16cm

3cm

3 以手搓揉整理剪下來的
　羊毛。

4 以戳針戳刺。其中一端
　保留3cm不戳刺。

5 尾巴完成。

6 將預留下來鬆軟的部
　份，以戳針戳刺於球體
　上。

7 接縫處，以手撕開少許
　羊毛使其服貼，再以戳
　針戳刺整齊漂亮。

8 尾巴接連完成。

9 取少量的水藍色羊毛。

10 包捲在尾巴上，以戳針
　戳刺固定。

11 剪下多餘的羊毛。

12 重複步驟9至11，製作
　尾巴紋路。

13 裝上眼睛、嘴巴、臉
　頰。（參見P.36至
　P.37）

14 將尾巴捲起來，以戳針
　戳刺在球體下側。

15 完成！

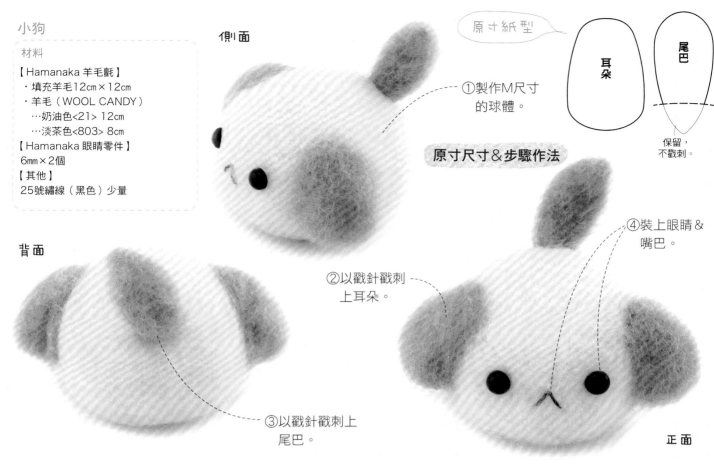

小狗

【材料】
【Hamanaka 羊毛氈】
・填充羊毛12cm×12cm
・羊毛（WOOL CANDY）
　…奶油色<21> 12cm
　…淡茶色<803> 8cm
【Hamanaka 眼睛零件】
6mm×2個
【其他】
25號繡線（黑色）少量

側面

原寸紙型

耳朵　　尾巴

保留，
不戳刺。

①製作M尺寸
　的球體。

原寸尺寸&步驟作法

②以戳針戳刺
　上耳朵。

④裝上眼睛&
　嘴巴。

背面

③以戳針戳刺上
　尾巴。

正面

1 以填充羊毛&奶油色羊
　毛製作M尺寸的球體。
　（參見P.30至P.33）

2 放在手心中，輕輕搓揉
　壓扁成縱長狀。

3 剪下約8cm的淡茶色羊
　毛。

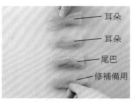

耳朵
耳朵
尾巴
修補備用

4 分成四等份。

5 製作耳朵。將分出來的
　羊毛對摺之後以戳針戳
　刺。

6 戳刺成耳朵的形狀。

7 以相同步驟順序製作兩
　隻耳朵。

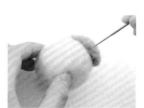

8 將製作好的耳朵，以戳
　針戳刺在球體上。

9 耳朵完成。

10 製作尾巴。將步驟4中
　　分出的尾巴羊毛對摺成
　　尾巴狀之後，再以戳針
　　戳刺。

11 尾巴完成。

12 在尾巴的預定位置上，以剪刀深深
　　地剪一道切口，插入耳朵。（參見
　　P.35「接連耳朵の方法」）

13 裝上眼睛&嘴巴，完成！
　　（參見P.36至P.37）

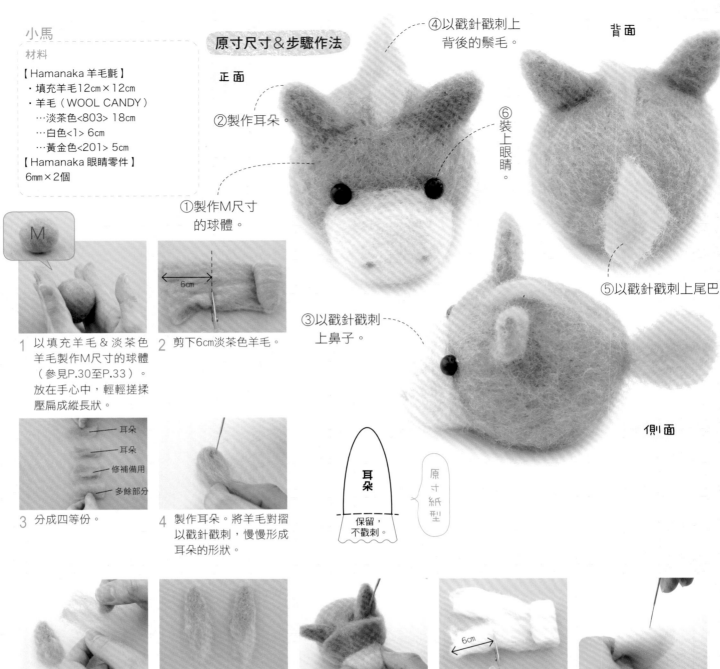

小馬

材料

【Hamanaka 羊毛氈】
・填充羊毛12cm×12cm
・羊毛（WOOL CANDY）
　…淡茶色<803> 18cm
　…白色<1> 6cm
　…黃金色<201> 5cm
【Hamanaka 眼睛零件】
6mm×2個

原寸尺寸&步驟作法

正面

背面

④以戳針戳刺上背後的鬃毛。

②製作耳朵。

①製作M尺寸的球體。

⑥裝上眼睛。

③以戳針戳刺上鼻子。

⑤以戳針戳刺上尾巴

側面

M

6cm

1 以填充羊毛&淡茶色羊毛製作M尺寸的球體（參見P.30至P.33）。放在手心中，輕輕搓揉壓扁成縱長狀。

2 剪下6cm淡茶色羊毛。

耳朵
耳朵
修補備用
多餘部分

3 分成四等份。

4 製作耳朵。將羊毛對摺以戳針戳刺，慢慢形成耳朵的形狀。

耳朵
保留，不戳刺。

原寸紙型

5 形狀完成之後，取修補用羊毛以戳針淺淺戳刺，修整表面。

6 耳朵完成。

7 以戳針戳刺耳朵加以固定。（參見P.35「接連耳朵の方法」）

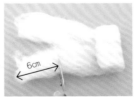

8 製作鼻子。剪下約½寬・6cm長的白色羊毛。

9 將剪下的羊毛捲成團狀，以戳針戳刺製作出鼻子的形狀。

10 鼻子完成。

11 將鼻子以戳針戳刺在球體上加以固定。

12 取少量的淡茶色羊毛戳刺在鼻子上。

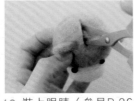

13 裝上眼睛（參見P.26「眼睛の製作方法」），在背後鬃毛的預定位置上，以剪刀深深地剪一道切口。

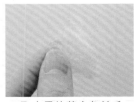

14 取少量的黃金色羊毛。

15 將羊毛塞入切口內。

16 以戳針戳刺加以固定。

17 以剪刀修剪羊長度使其平均。

18 剪下約5cm長的少量黃金色羊毛。

19 單側的末端以戳針戳刺在一起。

20 同步驟13,以剪刀剪一道切口,將尾巴戳刺上去加以固定。

21 完成!

小雞

材料

【Hamanaka 羊毛氈】
・填充羊毛12cm×12cm
・羊毛(WOOL CANDY)…白色<1> 12cm
　　　　　　　　　　…紅色<24> 4cm
　　　　　　　　　　…橘色<5> 少量

【Hamanaka 眼睛零件】
4.5mm×2個

原寸尺寸&步驟作法

正面

①製作M尺寸的球體。

③裝上眼睛&嘴巴。

②以戳針戳刺上雞冠。

側面

1 以填充羊毛&白色羊毛製作M尺寸的球體(參見P.30至P.33)。放在手心中,輕輕搓揉壓扁成縱長狀。

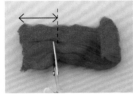

2 剪下4cm紅色羊毛。

雞冠
雞冠
雞冠
修補備用

3 分成四等份。

4 將其中一等份羊毛對摺之後以戳針戳刺,慢慢形成雞冠的形狀。

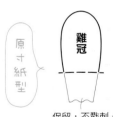

雞冠

原寸紙型

保留,不戳刺。

5 製作三個。

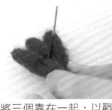

6 將三個靠在一起,以戳針戳刺使其連接。

7 雞冠完成。

8 在雞冠的預定位置上,以剪刀深深地剪一道切口。

9 插入雞冠,以戳針戳刺加以固定。(參見P.35「接連耳朵の方法」)

10 取少量橘色羊毛以戳針戳刺成圓形,製作小雞的嘴巴。

11 嘴巴完成。

12 在嘴巴的預定位置上,以剪刀剪一道切口。

13 插入嘴巴,以戳針戳刺加以固定。

14 裝上眼睛(參見P.36「眼睛の製作方法」),完成!

材料

【Hamanaka 羊毛氈】
・填充羊毛12cm×12cm
・羊毛（WOOL CANDY）
　…奶油色<21> 12cm
　…淡茶色<803> 19cm
　…淡粉紅色<22> 少量
【Hamanaka 眼睛零件】
6mm×2個

原寸尺寸&步驟作法

正面

側面

②覆蓋上淡茶色的羊毛。

③以戳針戳刺上耳朵。

④以戳針戳刺上尾巴。

⑥裝上眼睛&臉頰。

①製作M尺寸的球體。

原寸紙型

保留，不戳刺。

尾巴

耳朵

保留，不戳刺。

⑤以戳針戳刺上屁股的形狀。

背面

1 以填充羊毛&奶油色羊毛製作M尺寸的球體（參見P.30至P.33）。放在手心中，輕輕搓揉壓扁成縱長狀。

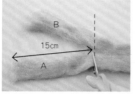

2 剪下15cm的淡茶色羊毛，分成兩等份。

3 以A覆蓋包捲住球體一圈，再以戳針戳刺固定。

4 將背面以羊毛覆蓋，只預留下臉的部分。

5 製作出臉部的輪廓。取8cm長左右的少量B羊毛，以戳針戳刺於額頭的部分。

6 沿著箭頭的方向，往左及往右進行戳刺，覆蓋遮住空隙處。

7 取少量B羊毛拉開成薄片狀。

8 將淡茶色羊毛覆蓋在整體上，以戳針淺淺地戳刺固定，使表面修整得整齊漂亮。

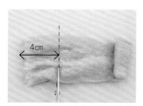

9 剪下4cm長的淡茶色羊毛。

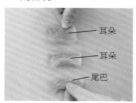

10 分成三等份。

11 製作耳朵。將一等份的羊毛對摺，以戳針進行戳刺。

12 慢慢戳刺形成耳朵的形狀。

13 耳朵形狀完成之後，取少量的B羊毛拉開成薄片狀。

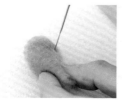

14 將耳朵整體包覆起來，以戳針淺淺地戳刺固定。

15 以相同作法製作兩個。

16 在耳朵的預定位置上，以剪刀深深地剪一道切口。

17 插入耳朵，以戳針戳刺加以固定。（參見P.35「接連耳朵の方法」）

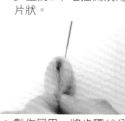

18 製作尾巴。將步驟10分出的尾巴羊毛對摺，以戳針戳刺。

19 配合紙型製作尾巴。

20 與耳朵方法相同，以剪刀剪一道切口，以戳針戳刺加以固定。

21 戳刺上少許的淡粉紅色羊毛，作出屁股的形狀。

22 屁股形狀完成。

23 裝上眼睛・嘴巴・臉頰，完成！（參見P.36至P.37）

小豬

材料

【Hamanaka 羊毛氈】
・填充羊毛12cm×12cm
・羊毛（WOOL CANDY）
　…淡茶色<803> 17cm
　…奶油色<21> 6cm
　…巧克力色<41> 少量
【Hamanaka 眼睛零件】
6mm×2個

原寸尺寸&步驟作法

正面

①製作M尺寸的球體。

④以戳針戳刺上尾巴。

③以戳針戳刺上耳朵。

②以戳針戳刺上鼻子。

⑥裝上眼睛。

側面

⑤以戳針戳刺上身體的紋路。

背面

1 以填充羊毛&淡茶色羊毛製作M尺寸的球體（參見P.30至P.33）。放在手心中，輕輕搓揉壓扁成縱長狀。

2 製作鼻子。剪下約⅓寬・6cm長的奶油色羊毛。

3 將剪下的羊毛從邊端開始包捲，以戳針戳刺出鼻子的形狀。

4 鼻子完成後，牢固地戳刺到球體上。務必仔細戳刺根部。

5 也要從上方以戳針戳刺。

6 剪下5cm長的淡茶色羊毛。

7 分成四等份。

（耳朵 / 耳朵 / 尾巴 / 修補備用）

8 依P.47的步驟14至20製作耳朵。（參見紙型P.68）

9 耳朵完成。

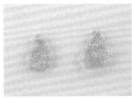

10 製作尾巴。取步驟7分出的尾巴羊毛，以手搓揉成細長條狀。

11 以戳針戳刺。

12 尾巴完成。

13 將耳朵戳刺在球體上加以固定。（參見P.35「接連耳朵の方法」）

14 尾巴也以與耳朵相同的方法以戳針戳刺固定。

15 將巧克力色羊毛以手搓揉成圓球狀。

16 以戳針戳刺在鼻子上。

17 取少量的巧克力色羊毛慢慢地戳刺上去，製作出紋路。

18 以剪刀剪下多餘的羊毛。

19 裝上眼睛（參見P.36「眼睛の製作方法」），完成！

原寸紙型

保留，不戳刺。

耳朵
保留，不戳刺。

尾巴

P.20

14 小企鵝

原寸尺寸&步驟作法

③以戳針戳刺上翅膀。

背面

①將L尺寸的球體製作成小方塊。

正面

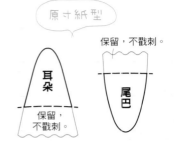

材料（1個份）
【Hamanaka 羊毛氈】
・填充羊毛15cm×15cm
・羊毛（WOOL CANDY）
　…白色<1> 15cm
　…水藍色<38> 20cm
　…黃色<35> 少量
【Hamanaka 眼睛零件】
5mm×2個

④裝上嘴巴・眼睛。

②蓋上羊毛。

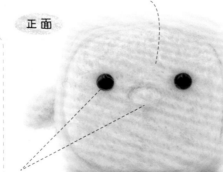

側面

1 以填充羊毛&白色羊毛製作L尺寸的球體。（參見P.30至P.33）

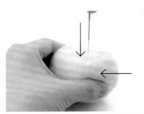

2 從直向&橫向以戳針戳刺使其接近小方塊形狀。請一邊調整形狀一邊戳刺。

3 小方塊完成。

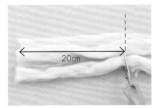

4 剪下約20cm長的水藍色羊毛。

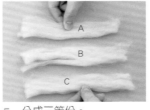

5 分成三等份。

6 將A覆蓋在小方塊上，以戳針戳刺邊端加以固定。

7 包捲成一圈之後以戳針戳刺。

8 包捲一圈之後的末端，也以戳針戳刺加以固定。

9 戳刺整體進行修整。

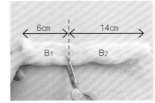

10 剪下B的羊毛。

11 將B_1覆蓋在背面。

12 以戳針戳刺固定。

13 覆蓋到側面的羊毛也須戳刺固定。

14 將C的羊毛分成兩等份。

15 將C_1拉開成薄片狀。

16 覆蓋在水藍色的小方塊上，以戳針戳刺表面使其整齊漂亮。再以C_2羊毛重複一次作法。

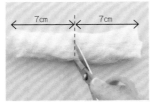

17 製作翅膀。將B_2分成對半剪下。

18 對摺之後以戳針戳刺固定。

19 慢慢戳刺成接近翅膀的形狀。

20 以相同的作法製作兩個。

21 在翅膀的預定位置上，以剪刀深深地剪一道切口。

22 插入翅膀，以戳針戳刺加以固定。（參見P.35「接連耳朵の方法」）

23 製作嘴巴。取少量黃色羊毛，以戳針戳刺成團狀。

24 以戳針戳刺固定在臉部中央。

25 裝上眼睛（參見P.36「眼睛の製作方法」），完成！

不同顏色組合

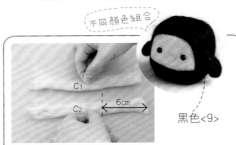

黑色の小企鵝。進行步驟14時，從C_2剪下6cm長的羊毛，以戳針戳刺在臉部下半部。

黑色<9>

原寸紙型

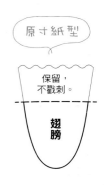

保留，不戳刺。

翅膀

o7 ·小·海·豹

③以戳針
戳刺上前鰭。

①製作L尺寸的球體。

材料
【Hamanaka 羊毛氈】
・填充羊毛15cm×15cm
・羊毛（WOOL CANDY）
…白色<1> 21cm
【Hamanaka 眼睛零件】
8mm×2個
【其他】
25號繡線（黑色）少量

中·正面

原寸紙型

鰭
&
尾巴

保留，
不戳刺。

大·中·小尺寸的
紙型是
通用的喔！

④裝上眼睛·
嘴巴。

②以戳針戳刺
上尾巴。

1　以填充羊毛&淡茶色羊毛
製作L尺寸的球體。（參
見P.30至P.33）。

2　放在手心中，輕輕搓揉揉
壓扁成縱長狀。

中·側面

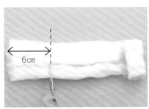

6cm

3　剪下約6cm長的白色羊毛。

鰭

尾

4　分成四等份。

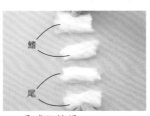

5　製作鰭&尾巴。將分好的
羊毛對摺之後以戳針戳
刺。

6　慢慢戳刺調整成符合紙型
的形狀。

7　共製作四個。兩個是鰭，
另兩個是尾巴。

8　將兩個尾巴交疊在一起，
以戳針戳刺固定。

9　尾巴完成。

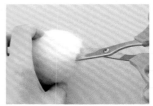

10　在球體的後側，以剪刀深
深地剪一道切口。

11 插入尾巴，以戳針戳刺加
以固定。（參見P.35「接
連耳朵の方法」）

12 在鰭的預定位置上，也以
剪刀剪一道切口。

13 以戳針戳刺加以固定。

14 裝上眼睛＆嘴巴（參見
P.36至P.37），完成！

不論是小尺寸・大尺寸，
製作方法都是一樣的。

大尺寸使用
XL尺寸的
球體。

XL

大・正面

材料（小尺寸）
【Hamanaka 羊毛氈】
・填充羊毛 12cm×12cm
・羊毛（WOOL CANDY）
…白色<1> 18cm
【Hamanaka 眼睛零件】
6mm×2個
【其他】
25號繡線（黑色）少量

材料（大尺寸）
【Hamanaka 羊毛氈】
・填充羊毛18cm×18cm
・羊毛（WOOL CANDY）
…白色<1> 24cm
…淡粉紅色<22> 少量
【Hamanaka 眼睛零件】
8mm×2個
【其他】
25號繡線（黑色）少量

以戳針
戳刺上
臉頰。

小尺寸使用
M尺寸的
球體。

M

小・正面

小・側面

大・側面

小・背面

大・背面

19 方塊小貓 &小熊

原寸尺寸&步驟作法

小熊的材料
【 Hamanaka 羊毛氈 】
・填充羊毛15cm×15cm
・羊毛（WOOL CANDY）
　…米色<29> 21cm
　…巧克力色<41> 少量
　…紅茶色<206> 少量

原寸紙型

耳朵

保留，不戳刺。

①將L尺寸的球體
製作成小方塊。

正面

②以戳針
戳刺上
耳朵。

側面

③以戳針戳刺上
尾巴。

④裝上眼睛・鼻子・嘴巴。

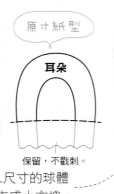

1 以填充羊毛＆米色羊毛製作L尺寸的球體。（參見P.30至P.33）。

2 參見P.68步驟2至3，製作成小方塊。

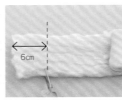

3 剪下約6cm長的米色羊毛。

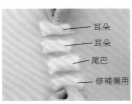

4 分成四等份。

耳朵
耳朵
尾巴
修補備用

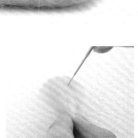

5 製作耳朵。取分好的一份耳朵羊毛對摺，再以戳針戳刺。

6 慢慢戳刺調整成接近耳朵的形狀。

7 中央要稍稍戳刺出凹陷弧度。

8 撕取少量的羊毛拉開成薄片狀，包捲在耳朵上。

9 將薄片鋪滿整體後，以戳針淺淺地戳刺，使表面修飾得更加整齊漂亮。

10 以相同樣作法製作兩個。

11 在耳朵的預定位置上，以剪刀深深地剪一道切口。

12 以手指將切口打開，插入步驟10作好的耳朵。

13 以戳針戳刺牢固。

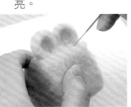

14 遮蓋切口，從上方以戳針戳刺固定。

15 取步驟4中分出的尾巴羊毛製作尾巴。

16 以戳針戳刺成團狀，製作直徑1.5cm的小圓球。

17 以戳針戳刺於小方塊的後側。

18 取少量的巧克力色羊毛，以手指搓揉成圓球狀。

19 以戳針戳刺在臉部，製作眼睛。

20 取少量的巧克力色羊毛，以手指搓揉成細條狀。

21 首先，以戳針戳刺在嘴巴的中央部位。

22 分別往左、往右戳刺，再以剪刀剪下多餘的羊毛。

23 將搓揉成圓球狀的紅茶色羊毛球以戳針戳刺在鼻子的位置上。

24 完成！

小貓的材料

【Hamanaka 羊毛氈】
・填充羊毛 15cm×15cm
・羊毛（WOOL CANDY）
 …米白色<801> 21cm
 …淡茶色<803> 少量
 …黃金色<201> 16cm
 …巧克力色<41> 少量

原寸尺寸&步驟作法

正面　　　　　　　　　　　　　　　側面

②以戳針戳刺上耳朵。

①將L尺寸的球體製作成小方塊。

⑤以戳針戳刺上鬍鬚・嘴巴。

③以戳針戳刺上尾巴。

④以戳針戳刺上身體紋路。

背面

1 以填充羊毛&米白色羊毛製作L尺寸的球體。（參見P.30至P.33）

2 參見P.68步驟2至3，製作小方塊。

3 參見P.42至P.43的步驟3至10，以黃金色&米白色羊毛製作耳朵。

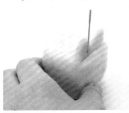

4 參見P.72 步驟11至14，以戳針戳刺上耳朵。

5 參見P.43步驟13至17，製作尾巴。

6 以剪刀剪一道切口，插入尾巴，並以戳針戳刺加以固定。（參見P.35「接連耳朵の方法」）

7 以戳針戳刺身體紋路。取少量淡茶色羊毛，戳刺在耳朵根部附近。

8 以戳針戳刺黃金色羊毛製作紋路。

9 參見P.72至73的步驟18至22，以戳針戳刺上眼睛&嘴巴（※嘴巴是淡茶色羊毛）。另外再將搓揉成細條狀的巧克力色羊毛戳刺上去製作鬍鬚。

10 完成！

①製作L尺寸的球體。

③以戳針戳刺上頭髮。

背面

②製作和服。

正面

女兒節娃娃・皇后の材料
【Hamanaka 羊毛氈】
・填充羊毛15cm×15cm
・羊毛（WOOL CANDY）
　…奶油色<21> 15cm
　…深粉紅色<2> 16cm
　…紅色<24> 25cm
　…黑色<9> 18cm
　…黃色<35> 少量
　…淡粉紅色<22>少量
【Hamanaka 眼睛零件】
4mm×2個
【其他】
25號繡線（紅色）少量

⑤裝上眼睛・嘴巴・臉頰。

④以戳針戳刺上皇冠髮飾。

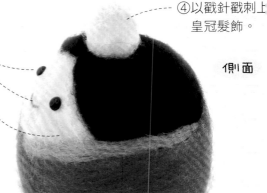

側面

L

1 以填充羊毛&奶油色羊毛，製作L尺寸的球體。（參見P.30至P.33）

2 將上半部壓扁長一些，製作成雞蛋狀。

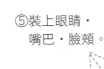

（接續上方圖示）

3 剪下少量約16cm長的深粉紅色羊毛。

4 以剪下的羊毛圍繞成領襟的形狀，以戳針戳刺固定。

25cm

5 剪下¼寬・25cm長的紅色羊毛。

6 在步驟4製作好的領襟下，以剪下的羊毛覆蓋包捲。

7 包捲住整體之後，剪下多餘的羊毛。

8 以戳針戳刺整體加以固定。

9 大致戳刺完成後，撕取少量的羊毛拉開成薄片狀，覆蓋在球體上。

10 將覆蓋在球體上的羊毛以手指拉緊壓住，以戳針淺淺地戳刺固定。

11 這樣可以使表面修整得更整齊漂亮。

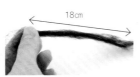

18cm

12 開始製作黑色的頭髮。取約18cm長的少量黑色羊毛。

13 以手掌搓揉成細條狀。

14 將羊毛戳刺在額頭的中心。

15 分別沿著左右兩邊像畫心形一樣的以戳針戳刺固定。

16 取少量羊毛，覆蓋在依步驟15戳刺完成的線條內側。

17 頭髮完成。

18 取少量的黃色羊毛。

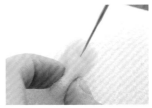

19 以戳針戳刺成圓筒狀。

20 頭冠髮飾完成。

21 以戳針戳刺在頭頂上。

22 裝上眼睛、嘴巴、臉頰（參見P.36至P.37），完成！

女兒節娃娃・天皇的材料

【Hamanaka 羊毛氈】
・填充羊毛15cm×15cm
・羊毛（WOOL CANDY）
　…奶油色<21> 15cm
　…藍色<39> 16cm
　…綠色<40> 16cm
　…水藍色<38> 25cm
　…黑色<9> 少量
　…淡粉紅色<22> 少量
【Hamanaka 眼睛零件】
4mm×2個
【其他】
25號繡線（黑色）少量

正面　　　側面

①製作L尺寸的球體。

④裝上眼睛・嘴巴・臉頰。

②製作和服。

③以戳針戳刺上皇冠髮飾。

背面

Point!
製作天皇玩偶時，領襟必須包捲兩層喔！
（重複兩次「女兒節玩偶・皇后の製作方法」步驟3至4。）

1 參見女兒節娃娃・皇后の製作方法步驟1至11進行製作。取少量黑色羊毛，像畫圓般的以戳針戳刺上去。

2 將少量的黑色羊毛以戳針戳刺成圓形，製作頭上的頭冠髮飾。

3 頭冠髮飾完成。

4 以戳針戳刺在頭頂上。與女兒節皇后娃娃相同，裝上眼睛、嘴巴、臉頰就完成了！

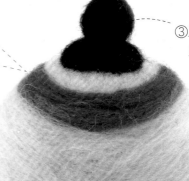

16 小蜜蜂

材料（1個份量）

【Hamanaka 羊毛氈】
・填充羊毛12cm×12cm
・羊毛（WOOL CANDY）
…黃色<35> 12cm
…紅茶色<206> 18cm
…白色<1> 6cm
…淡粉紅色<22> 少量

【Hamanaka 眼睛零件】
6mm×2個

【其他】
25號繡線（黑色）少量
鐵線（黑色）3cm×2條

原寸尺寸&步驟作法

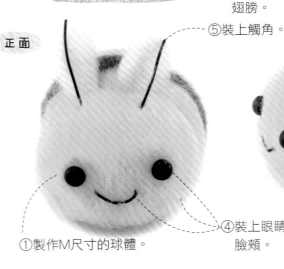

正面

③以戳針戳刺上翅膀。

⑤裝上觸角。

②以戳針戳刺上身體紋路。

①製作M尺寸的球體。

④裝上眼睛・嘴巴・臉頰。

側面

背面

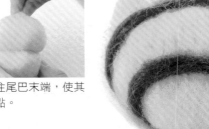

原寸紙型

翅膀

保留，不戳刺。

1 以填充羊毛&淡茶色羊毛製作M尺寸的球體（參見P.30至P.33）。在手心中，搓揉壓扁成縱長狀。

2 在球體中央位置以戳針戳刺作出頸部曲線。

3 以手抓住尾巴末端，使其尖銳一點。

4 以戳針戳刺，整理修整形狀。

5 剪下約18cm長的少量紅茶色羊毛。

6 以手搓揉成細長條狀。

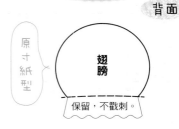

7 包捲在腹部，製作出身體紋路。

8 以戳針戳刺固定。

9 以相同方法再戳刺一條紋路。

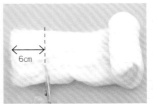

10 剪下6cm白色羊毛製作翅膀。

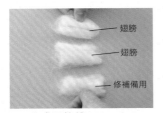

翅膀
翅膀
修補備用

11 分成三等份。

12 將分好的羊毛對摺後以戳針戳刺，製作出翅膀的形狀。

13 翅膀的形狀完成後，取少量的羊毛拉開成薄片狀，覆蓋在翅膀上以戳針淺淺地戳刺加以固定。這樣表面可修整得更整齊漂亮。

14 以同樣的作法製作兩個。

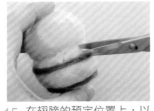

15 在翅膀的預定位置上，以剪刀深深地剪一道切口。

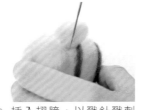

16 插入翅膀，以戳針戳刺加以固定。（參見P.35「接連耳朵の方法」）

17 裝上眼睛、嘴巴、臉頰。（參見P.36至P.37）

18 在觸角的預定位置上，以錐子刺兩個洞。

19 將鐵線沾黏上白膠後，插入洞裡。

20 完成！

不同顏色の組合

橘色<5>

製作方法一樣喔！

P.23

17 晴天娃娃

材料（1個份）

【Hamanaka 羊毛氈】
・填充羊毛9cm×9cm
・羊毛（WOOL CANDY）…水藍色<38> 9cm
　　　　　　　　　　　…粉紅色<36> 少量
【Hamanaka 眼睛零件】5 mm× 2 個
【其他】25 號繡線（黑色）少量

原寸尺寸&步驟作法

①製作S尺寸的球體。

正面　　　　　　側面　　　　　　背面

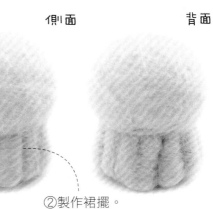

③裝上眼睛・嘴巴・臉頰。

②製作裙擺。

S

1 以填充羊毛&水藍色羊毛製作S尺寸的球體。（參見P.30至P.33）

2 在球體中央位置以戳針戳刺出頸部曲線。

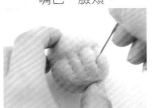

3 在球體下半部，以戳針戳刺出直向紋路。

4 將底部以戳針戳刺平整。

5 再一次評估整體的比例線條，調整形狀&輪廓。

6 裝上眼睛、嘴巴、臉頰。（參見P.36至P.37）

7 完成！

不同顏色の組合

白色<1>

淡粉紅色<22>

77

20 小兔子

材料 （1個份量）

【Hamanaka 羊毛氈】
・填充羊毛18cm×18cm
・羊毛（WOOL CANDY）
　…米白色<801> 24cm
　…灰茶色<816> 8cm
　…淡粉紅色<22> 少量
　…淡茶色<803> 少量
【Hamanaka 眼睛零件】
8mm×2個

正面

②以戳針戳刺上耳朵。

③以戳針戳刺上身體紋路。

⑥裝上眼睛・嘴巴・鼻子。

⑤以戳針戳刺上尾巴

④以戳針戳刺上腿部。

①製作XL尺寸的球體。

背面

原寸紙型

耳朵

保留，不戳刺。

原寸紙型

保留，不戳刺。

腿部

XL

1 以填充羊毛＆米白色羊毛製作XL尺寸的球體。（參見P.30至P.33）

2 在球體中央位置以戳針戳刺出頸部曲線。

3 在眼睛的預定位置上，以手指壓出凹陷弧度。

4 以戳針戳刺臉部中央使其凹陷，製作出鼻子的線條。

8cm

5 剪下約8cm長的灰茶色羊毛。

6 分成四等份。

耳朵
耳朵
修補備用
身體紋路

7 製作耳朵。將分出的耳朵羊毛對摺，以戳針戳刺。

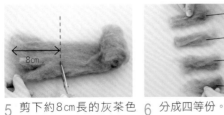

8 慢慢戳刺形成耳朵的形狀。

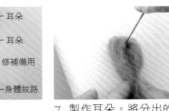

9 耳朵完成。

10 取少量的淡粉紅色羊毛。

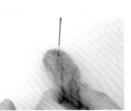

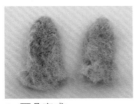

11 對摺羊毛，將羊毛中央以戳針戳刺在耳朵的尖端處。

12 其餘的羊毛，配合耳朵的形狀加以戳刺。

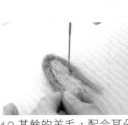

13 耳朵完成。

14 在耳朵的預定位置上，以剪刀深深地剪一道切口。

15 插入耳朵，以戳針戳刺加以固定。（參見P.35「接連耳朵の方法」）

16 取步驟6分出的少量羊毛製作身體紋路。

17 首先，以戳針戳刺於耳朵根部附近。

18 以戳針戳刺在臉部兩側。沿著嘴巴周圍線條，一邊注意比例一邊慢慢少量地戳刺羊毛上去。

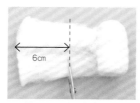
19 剪下6cm長的米白色羊毛。

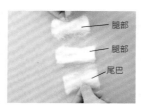
20 分成三等份。

21 將分好的羊毛對摺，以戳針戳刺製作出腿部的形狀。

22 腿部完成。以相同作法製作兩個。

23 將腿部戳刺固定於身體上。

24 取分出的尾巴羊毛以戳針戳刺成團狀，製作尾巴。

25 尾巴完成。

26 將尾巴以戳針戳刺於臀部上。

27 裝上眼睛。（參見P.36「眼睛の製作方法」）

28 調整整體比例，以戳針戳刺米白色&灰茶色的邊界使其凹陷。

29 以戳針戳刺鼻子&嘴巴的輪廓使其凹陷。

30 取少量的淡粉紅色羊毛搓揉成圓球狀。

31 以戳針戳刺在鼻子上。

32 取少量的淡茶色羊毛，搓揉成細條狀。

33 像描繪輪廓一般，以戳針戳刺出嘴巴形狀，並以剪刀剪下多餘的羊毛。

34 再一次戳刺臉部，修整輪廓線條。戳刺兩側修整弧度是主要關鍵。

35 完成！

不同顏色組合

米白色
<801>

全部使用米白色<801>的羊毛製作，就可以作出小白兔唷！

21 小狗

柴犬

材料

【Hamanaka 羊毛氈】
・填充羊毛15cm×15cm
・羊毛（WOOL CANDY）
　…淡茶色<803> 26cm
　…原色<802> 6cm
　…茶色<804> 少量
【Hamanaka 眼睛零件】
8mm×2個
【其他】
鼻子零件（9mm寬）1個

原寸尺寸&步驟作法

②以戳針戳刺上鼻子。

④以戳針戳刺上耳朵。

正面

側面

⑥以戳針戳刺上尾巴。

①製作L尺寸的球體。

③在身體戳刺上白色羊毛。

⑦裝上眼睛・鼻子・嘴巴・眉毛。

⑤以戳針戳刺上腿部。

背面

1 以填充羊毛&淡茶色羊毛製作L尺寸的球體。
（參見P.30至P.33）

2 放在手心中，輕輕搓揉壓扁成縱長狀。

3 在球體中央位置以戳針戳刺出頸部曲線。

4 剪下約⅓寬・6cm長的米白色羊毛。

5 以戳針戳刺成圓球狀，製作鼻子。

6 以戳針戳刺在球體上。

7 取少量的米白色羊毛。

8 以戳針戳刺在腹部上使其成圓形。

9 以戳針戳刺固定。

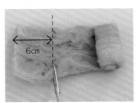

10 剪下6cm淡茶色羊毛。

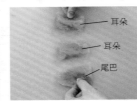

11 分成三等份。

耳朵
耳朵
尾巴

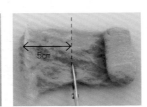

12 再剪下5cm的淡茶色羊毛。

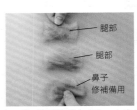

13 分成三等份。

腿部
腿部
鼻子
修補備用

14 取少量步驟13中分出的羊毛修整鼻子輪廓線條。

15 包捲鼻子根部一圈,以戳針戳刺加以固定。如此一來,輪廓的邊界線會比較整齊美觀。

16 製作耳朵。取步驟11分出的羊毛,參見P.47步驟14至20製作耳朵。(※請參見此頁底下的紙型。)

17 耳朵基底完成。

18 取少量白色羊毛。

19 以戳針戳刺在耳朵內側固定。

20 耳朵完成。

21 在耳朵的預定位置上,以剪刀深深地剪一道切口。

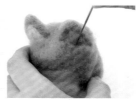

22 插入耳朵,以戳針戳刺加以固定。(參見P.35「接連耳朵の方法」)

23 製作尾巴。取照步驟11分出的尾巴羊毛,以手指使其彎曲,再以戳針輕輕戳刺塑型。

24 尾巴完成。

25 在尾巴的預定位置上,以剪刀深深地剪一道切口。

26 插入尾巴,製作方法同耳朵。

27 取步驟13分出的腿部羊毛,以戳針慢慢戳刺成腿部的形狀。

28 以相同作法製作兩個。

29 將腿部以戳針戳刺固定於身體。

30 裝上眼睛&鼻子。(參見P.36)

31 在兩眼之間戳刺,使其凹陷。

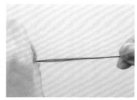

32 取少量的淡茶色羊毛,以手搓揉成細長條。

33 以戳針戳刺出嘴巴的形狀。

34 剪下多餘的羊毛。

35 取少量的米白色羊毛,以戳針戳刺在眼睛上面。

36 完成!

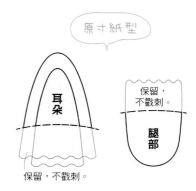

原寸紙型

耳朵

保留,不戳刺。

保留,不戳刺。

腿部

瑪爾濟斯

材料
【Hamanaka 羊毛氈】
・填充羊毛15cm×15cm
・羊毛（WOOL CANDY）
…米白色<801> 25cm
【Hamanaka 眼睛零件】
8mm×2個
【其他】
鼻子零件（9mm寬）1個

原寸尺寸＆步驟作法

①製作L尺寸的球體。

背面

正面

②以戳針戳刺
上鼻子。

③以戳針戳刺上耳朵。

⑦製作嘴巴的凹痕曲線。

⑥裝上眼睛＆鼻子。

側面

④以戳針戳刺上尾

⑤以戳針戳刺上腿部。

L

1 以填充羊毛＆米白色羊毛製作L尺寸的球體（參見P.30至P.33）。放在手心中，輕輕搓揉壓扁成縱長狀。

2 在球體中央位置以戳針戳刺作出頸部曲線。

3 取少量的米白色羊毛。

4 以戳針戳刺成圓球狀，製作鼻子。

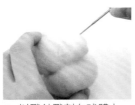
5 以戳針戳刺在球體上。

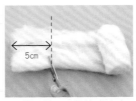
6 剪下約5cm長的米白色羊毛。

7 分成三等份。

8 將分好的羊毛單側末端各自以戳針戳刺。

9 製作三個同樣的形狀，這就是耳朵＆尾巴的原形。

10 在耳朵的預定位置上，以剪刀深深地剪一道切口。

11 將手指伸入切口當中，使其擴大。

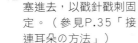
12 將步驟9中作好的羊毛塞進去，以戳針戳刺固定。（參見P.35「接連耳朵の方法」）

13 在尾巴的預定位置上，以剪刀剪一道切口。

14 塞入尾巴，以戳針戳刺固定。

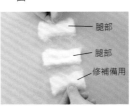
15 製作腿部。剪下約5cm長的米白色羊毛，分成三等份。

腿部
腿部
修補備用

16 參見P.81步驟27至29，以戳針戳刺固定腿部。

17 裝上眼睛&鼻子。（參見 P.36）

18 以戳針戳刺鼻子底下的凹痕。

19 調整修剪兩邊耳朵的長度。

20 完成！

哈巴狗

材料

【Hamanaka 羊毛氈】
・填充羊毛15cm×15cm
・羊毛（WOOL CANDY）
　…淡茶色<803> 20cm
　…灰茶色<816> 8cm
　…深茶色<31> 6cm
　…黑色<9> 少量
【Hamanaka 眼睛零件】
8mm×2個

原寸尺寸&步驟作法

①製作L尺寸的球體。

正面

②以戳針戳刺上鼻子。

⑥裝上眼睛・鼻子・嘴巴。

⑦製作後頭部的凹痕曲線。

側面

⑤以戳針戳刺上腿部。

③以戳針戳刺上耳朵。

④以戳針戳刺上尾巴。

背面

L

1 以填充羊毛&淡茶色羊毛製作 L 尺寸的球體。（參見P.30至P.33）

2 放在手心中，輕輕搓揉壓扁成縱長狀。

3 在球體中央位置以戳針戳刺出頸部曲線。

4 剪下約⅓寬・8cm長的灰茶色羊毛。

8cm

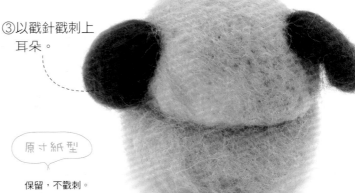

原寸紙型

保留，不戳刺。

耳朵

5 以戳針戳刺成圓球狀，製作鼻子。

8 以戳針戳刺在臉部中央。

7 剪下約6cm長的深茶色羊毛製作耳朵。

耳朵
耳朵
修補備用

8 分成三等份。

9 將分好的羊毛對摺後，以戳針戳刺成耳朵的形狀。

10 以相同作法製作2個。

11 在耳朵的預定位置上，以剪刀深深地剪一道切口。

12 塞入耳朵，以戳針戳刺加以固定。（參見P.35「接連耳朵の方法」）

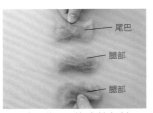

尾巴
腿部
腿部

13 剪下約5cm的淡茶色羊毛，分成三等份。

14 以戳針戳刺成圓球狀製作尾巴。

15 尾巴完成。

16 以戳針戳刺固定於身體背面。

17 參見P.81步驟27至28，製作腿部。

18 將腿部以戳針戳刺在身體上。

19 將少量黑色羊毛搓揉成圓球狀。

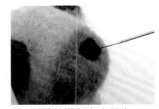

20 以戳針戳刺在鼻子上。

21 裝上眼睛（參見P.36）以戳針戳刺嘴巴周圍，作出凹痕曲線。

22 以深茶色羊毛描繪嘴巴的線條。參見P.81步驟32至34進行戳刺。

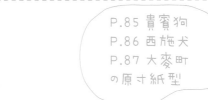

P.85 貴賓狗
P.86 西施犬
P.87 大麥町
の原寸紙型

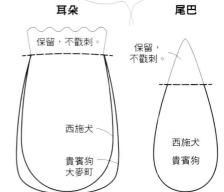

耳朵

保留，不戳刺。

西施犬
貴賓狗
大麥町

尾巴

保留，不戳刺。

西施犬
貴賓狗

以戳針戳刺後頭部，製作出凹痕曲線。

24 完成！

材料

【Hamanaka 羊毛氈】
・填充羊毛15cm×15cm
・羊毛（WOOL CANDY）…米白色<801> 15cm
・Color Scoured…灰色<616> 約10g

【Hamanaka 眼睛零件】
8mm×2個
【其他】
鼻子零件（9mm寬）

⑦裝上眼睛&
　鼻子。

正面

原寸尺寸&步驟作法

②以戳針戳刺上
　Color Scoured。

④以戳針戳刺上
耳朵。

③以戳針戳刺上
　鼻子。

⑤以戳針戳刺上
　腿部。

背面

①製作L尺寸的球體。

側面

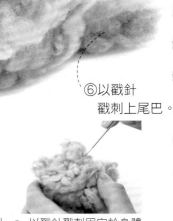

⑥以戳針
　戳刺上尾巴。

1 依照P.82步驟1至2進行製作，將Color Scoured慢慢地以戳針戳刺在表面上。

2 以戳針戳刺表面全體，加以固定。

3 製作鼻子。取少量Color Scoured戳刺作出寬3cm的橢圓球。

4 以戳針戳刺固定於臉部正面。

5 耳朵也以同樣方法，取少量Color Scoured進行戳刺製作。（參見原寸紙型P.84）

6 兩耳分別往左、往右，以戳針戳刺固定於頭部。

7 耳朵完成。

8 取Color Scoured戳刺製作腿部。（參見原寸紙型P.81）

9 以戳針戳刺固定於身體上。

10 以相同作法，取少量羊毛製作尾巴。（參見原寸紙型P.84）

11 在尾巴的預定位置上，以剪刀深深地剪一道切口。

12 插入尾巴，以戳針戳刺固定。

13 在眼睛&鼻子的預定位置上，以剪刀剪出切口。

14 塞入塗上白膠的眼睛&鼻子，完成！

材料
【Hamanaka 羊毛氈】
・填充羊毛15cm×15cm
・羊毛（WOOL CANDY）…米白色<801> 20cm
　　　　　　　　　　…茶色<804> 8cm＋少量
【Hamanaka 眼睛零件】8 mm× 2 個
【其他】鼻子零件（9 mm寬）1 個

原寸尺寸＆步驟作法

正面

側面

①製作L尺寸的球體。

②以戳針戳刺上身體紋路。

⑥裝上眼睛・鼻子。

③以戳針戳刺上耳朵。

⑦製作嘴巴周圍的凹痕曲線。

⑤以戳針戳刺上腿部。

背面

④以戳針戳刺上尾巴。

1　作法同P.82「瑪爾濟斯」步驟1至5。在頭部兩側，取少量茶色羊毛以戳針慢慢戳刺上去，製作紋路。

2　紋路戳刺完成。

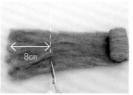

3　剪下約8cm的茶色羊毛。

耳朵
耳朵
尾巴

4　分成三等份。

5　製作耳朵。將分好的耳朵羊毛對摺，以戳針慢慢戳刺成耳朵的形狀。（參見原寸紙型P.84）

6　以相同作法製作兩個。

7　將耳朵以戳針戳刺在頭部兩側，注意根部要戳刺得仔細牢固一點。

8　製作尾巴。將步驟4分好的尾巴羊毛對摺，以戳針戳刺成尾巴的形狀。（參見原寸紙型P.84）

9　在尾巴的預定位置上，以剪刀深深地剪一道切口。

10　塞入尾巴，以戳針戳刺固定。（參見P.35「接連耳朵の方法」）

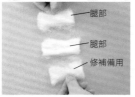

腿部
腿部
修補備用

11　製作腿部。剪下約5cm的米白色羊毛，分成三等份。

12　依照P.81步驟27至28製作腿部，並以戳針戳刺固定於身體上。

13　裝上眼睛＆鼻子（參見P.36），以戳針戳刺調整臉部的輪廓線條。

14　製作嘴巴的輪廓線條，以戳針直向戳刺，作出凹陷弧度。

15　完成！

大麥町

材料

【Hamanaka 羊毛氈】
・填充羊毛15cm×15cm
・羊毛（WOOL CANDY）
　…米白色<801> 29cm
　…黑色<9> 少量
　…淡茶色<803> 少量
【Hamanaka 眼睛零件】
8mm×2個
【其他】
鼻子零件（9mm寬）1個

原寸尺寸&步驟作法

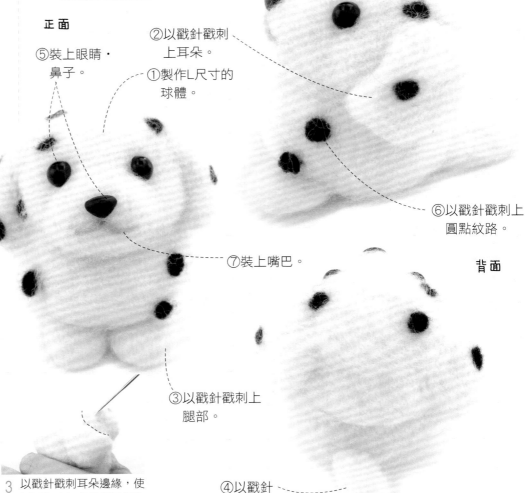

側面

正面

⑤裝上眼睛・鼻子。

②以戳針戳刺上耳朵。

①製作L尺寸的球體。

⑥以戳針戳刺上圓點紋路。

背面

⑦裝上嘴巴。

③以戳針戳刺上腿部。

④以戳針戳刺上尾巴。

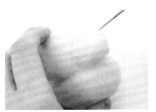

1 依照P.82步驟1至5，以相同作法製作基底。

2 取米白色羊毛依照P.86步驟3至8製作耳朵，並以戳針戳刺在頭上。

3 以戳針戳刺耳朵邊緣，使側面作出如虛線所示般的弧度。

4 依照P.79步驟19至23製作腿部，並以戳針戳刺固定於身體。

5 製作尾巴。將與腿部羊毛一起剪下的尾巴羊毛以手搓揉成細長條。

6 以戳針戳刺。

7 尾巴完成。
1cm

8 將尾巴以戳針戳刺在身體上。

9 裝上眼睛・鼻子（參見P.36）。

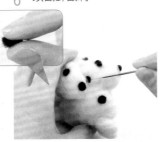

10 以戳針戳刺上圓點紋路。取少量黑色羊毛搓揉成圓球狀，一邊戳刺上去一邊調整整體比例。

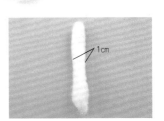

11 依照P.79步驟32至33戳刺嘴巴，並調整臉部的輪廓線條。完成！

以戳針戳刺臉部兩側弧度調整輪廓是主要關鍵喔！

作品の應用 **善加運用可愛の羊毛氈小‧動物！**

羊毛氈小動物可以運用於各種地方
作為裝飾或添加不一樣的感覺。
比如裝飾在禮物上、掛在身上等，
都非常的有趣喔！

裝飾在禮物包裝上。

夾入剪刀剪出的切口。

當成卡片放置
&小袋禮物等。

想要作成手機吊飾
或飾品來使用時……

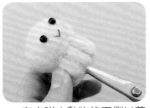

1 在吉祥小動物的下側以剪刀剪一道切口。

2 再從上側以剪刀剪一道切口，貫穿一條開口通道。

3 以毛線專用針‧粗長的針‧針孔大的針，穿入緞帶。

4 從下側洞口將針穿入。

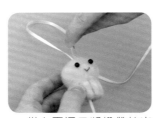

5 從上面洞口將緞帶拉出來，再一次穿入下側的洞口中。

6 將緞帶綁起來，打一個線結。

7 將剩餘的緞帶剪短，就完成了！

包裝／須林バーバラ

玩·毛氈 05

1小時完成！
學會21隻萌系羊毛氈小動物（暢銷新裝版）

作　　　者／はっとりみどり
譯　　　者／洪鈺惠
發 行 人／詹慶和
總 編 輯／蔡麗玲
執行編輯／陳姿伶
編　　　輯／蔡毓玲·劉蕙寧·黃璟安·李佳穎·李宛真
封面設計／韓欣恬
美術編輯／陳麗娜·周盈汝
內頁排版／造極
出 版 者／Elegant-Boutique新手作
發 行 者／悅智文化事業有限公司 郵政劃撥帳號／19452608
戶　　　名／悅智文化事業有限公司
地　　　址／新北市板橋區板新路206號3樓
網　　　址／www.elegantbooks.com.tw
電子郵件／elegant.books@msa.hinet.net 電　　　話／(02)8952-4078
傳　　　真／(02)8952-4084

2017年05月二版一刷　定價280元

Lady Boutique Series No.3398
CHO KANTAN YOMO FELT NO MASCOT
Copyright © 2012 BOUTIQUE-SHA
All rights reserved.
Original Japanese edition published in Japan by BOUTIQUE-SHA.
Chinese（in complex character）translation rights arranged with BOUTIQUE-SHA
through KEIO CULTURAL ENTERPRISE CO., LTD.

經銷／高見文化行銷股份有限公司
地址／新北市樹林區佳園路二段70-1號
電話／0800-055-365　　傳真／(02)2668-6220

國家圖書館出版品預行編目(CIP)資料

1小時完成！學會21隻萌系羊毛氈小動物 / はっとり
みどり著.洪鈺惠譯.
-- 二版. -- 新北市：新手作出版：悅智文化發行，
2017.05
　　面； 公分. -- (玩.毛氈；5)
ISBN 978-986-94731-2-5(平裝)

1.手工藝
426.7　　　　　　　　　　　　　　106006078

Staff

執行編輯：井上真実

攝影：藤田律子

版面設計：紫垣和江

製作協力：須林バーバラ

　　　　　神谷あけ美

作法繪圖：白井麻衣

攝影協力：

AWABEES
東京都渋谷區千駄ケ谷 3-50-11 明星ビルディ
ング 5F
電話 03-5786-1600
http://www.awabees.com/

カントリースパイス 自由が丘店
東京都世田谷區奧沢 7-4-12
電話 03-3705-8444
http://www.country-spice.co.jp/

玩・毛氈 01

好運定番！
招福又招財的 和風羊毛氈小物
作者：FUJITA SATOMI
定價：280元

玩・毛氈 02

一看就想作可愛の羊毛氈小物
羊毛氈刺繡×胸章×吊飾
作者：須佐沙知子
定價：280元

玩・毛氈 03

袖珍屋裡の羊毛氈小雜貨
就愛Zakka！70件可愛布置
授權：日本Vogue社
定價：280元

玩・毛氈 04

手作43隻森林裡的羊毛氈動物
超可愛呦！
授權：日本Vogue社
定價：280元

玩・毛氈 06

軟綿綿×甜蜜蜜
33款羊毛氈の甜點小禮物
Present for you！
作者：福田理央
定價：280元

雅書堂 EB 新手作
雅書堂文化事業有限公司
22070新北市板橋區板新路206號3樓
facebook 粉絲團:搜尋 雅書堂
部落格 http://elegantbooks2010.pixnet.net/blog
TEL:886-2-8952-4078 · FAX:886-2-8952-4084

玩·毛氈 07

童畫風の羊毛氈刺繡
在日常袋物×衣物上戳刺出美麗の圖案裝飾
作者:choco-75(日端奈奈子)
tamayu(加藤珠湖·繭子)
定價:350元

玩·毛氈 08

羊毛氈の52款可愛變身
甜點×動物×玩偶
授權:日本Vogue社
定價:280元

玩·毛氈 09

來玩吧!樂戳羊毛氈の動物好朋友
Baby玩具.雜貨小物の裝可愛筆記書
作者:魏瑋萱
定價:300元

玩·毛氈 10

超萌呦!輕鬆戳29隻
捧在掌心の羊毛氈寵物鳥
作者:宇都宮みわ
定價:280元

玩·毛氈 11

360°都可愛の羊毛氈小寵物
作者:須佐沙知子
定價:320元